普通高等教育计算机类专业教材

多媒体技术与应用案例教程
（第二版）

主　编　高海波　覃晓群　宁矿凤

副主编　郭红宇　陈　晔　冯　新　龙仙爱

主　审　邹逢兴

中国水利水电出版社
www.waterpub.com.cn

·北京·

内 容 提 要

本书以文字、声音、图像、动画、视频等几种常见的多媒体素材为线索，通过案例分析和设计，用图解的方法介绍各类素材的获取、处理和多媒体作品的设计方法，主要内容包括多媒体技术基础知识、多媒体素材的获取与编辑、图像处理软件——Photoshop、二维动画制作软件——Flash、视频编辑处理软件——Premiere Pro、多媒体制作软件——Authorware 和多媒体作品综合设计技术。各章均配备实用性很强的经典课堂案例，力求通过课堂案例演练使学生快速掌握多媒体技术与应用技能。

本书内容翔实、结构清晰、图文并茂，每章以学习要点和学习目标为导向，以具体课堂案例分析与设计实现的驱动模式展开内容的阐述，大量的案例将引领读者快速有效地学习到实用的知识与技能。

本书既可作为多媒体制作爱好者的自学教材，也可作为各高校"多媒体技术与应用"课程的教材，对从事电子出版、教育软件开发、商业简报制作、平面广告设计及其他多媒体应用领域的媒体集成与系统设计工作的读者也有很高的参考价值。

本书配有电子教案、所有案例的素材文件和效果文件、课堂案例讲解微课视频等教学资源，读者可以从中国水利水电出版社网站或万水书苑上免费下载，网址：http://www.waterpub.com.cn/ 或 http://www.wsbookshow.com。

图书在版编目（ＣＩＰ）数据

多媒体技术与应用案例教程 / 高海波，覃晓群，宁矿凤主编. -- 2版. -- 北京：中国水利水电出版社，2020.2（2021.1重印）
普通高等教育计算机类专业教材
ISBN 978-7-5170-8429-7

Ⅰ．①多… Ⅱ．①高… ②覃… ③宁… Ⅲ．①多媒体技术－高等学校－教材 Ⅳ．①TP37

中国版本图书馆CIP数据核字(2020)第027448号

策划编辑：周益丹　责任编辑：周益丹　加工编辑：孙学南　封面设计：李　佳

书　　名	普通高等教育计算机类专业教材 **多媒体技术与应用案例教程（第二版）** DUOMEITI JISHU YU YINGYONG ANLI JIAOCHENG
作　　者	主　编　高海波　覃晓群　宁矿凤 副主编　郭红宇　陈　晔　冯　新　龙仙爱 主　审　邹逢兴
出版发行	中国水利水电出版社 （北京市海淀区玉渊潭南路 1 号 D 座　100038） 网址：www.waterpub.com.cn E-mail：mchannel@263.net（万水） 　　　　sales@waterpub.com.cn 电话：（010）68367658（营销中心）、82562819（万水）
经　　售	全国各地新华书店和相关出版物销售网点
排　　版	北京万水电子信息有限公司
印　　刷	三河市航远印刷有限公司
规　　格	184mm×260mm　16 开本　17.75 印张　390 千字
版　　次	2017 年 1 月第 1 版　2017 年 1 月第 1 次印刷 2020 年 2 月第 2 版　2021 年 1 月第 2 次印刷
印　　数	3001—6000 册
定　　价	49.00 元

第二版前言

本书是根据教育部计算机基础课程教学指导委员会起草的《计算机基础课程教学基本要求》征求意见稿中有关"多媒体技术及应用"课程的教学要求编写的，充分考虑了应用型高校与各职业院校学生的培养目标，从理论上重视基础知识的积累，提高学生探究式学习与分析问题的能力；在实践与实用性方面，加强实验和实用性教学，注重培养学生解决实际问题的能力。

在内容编排上，本书坚持以案例为引领，将案例融入到软件功能的介绍中，注重易学性和实用性，力求通过精心设计的课堂案例演练（录制了配套案例操作讲解微视频）使学生快速掌握多媒体技术的应用。教材体系按照"学习要点和学习目标——知识讲解——课堂案例——习题与思考"的基于目标导向与案例驱动模式教学这一思路进行编排，着重培养学生及多媒体爱好者的计算机操作技能，使其能熟练进行计算机多媒体软件设计和开发、交互式多媒体作品设计与制作。

多媒体技术是一门前景广阔的计算机应用技术，它使人们可以综合处理文字、音频、图形与图像、动画与视频，制作丰富多彩、赏心悦目的作品。结合当今多媒体技术应用背景，本书对第一版教材中的教学内容和知识体系进行了整合、调整、修改和补充，精心提炼安排内容，将原第 5 章讲解 After Effects 软件调整为应用 Premiere Pro 软件进行视频剪辑、转场、抠像等操作，同时利用大量贴切、生动和联系实际的案例来讲解一个好的视频制作的思路、方法和技巧。在各章中还介绍一些实操中的小技巧，并增加"思考尝试"模块，拓展读者思维。

本书是作者以及作者所在课程教学团队总结多年来的教学实践，结合多年使用的反馈建议与新的各专业人才培养需求重新编写而成。

教材的编写得到了教育部高教司产学协同育人项目（教高司函〔2019〕12 号）、全国高等院校计算机基础教育研究会计算机基础教育教学研究项目（2019-AFCEC-309）、2019 年度湖南省教育体制改革试点项目、湖南省普通高等学校教学改革项目（湘教通〔2015〕291 号、湘教通〔2018〕436 号、湘教通〔2019〕291 号）的支持与研究成果的支撑，是第十二届湖南省高等教育教学成果奖三等奖项目"融合 GBL 与 PBL 教学模式的大学计算机课程分类分层体系的构建与实践"（湘教通〔2019〕294 号）的主要成果之一。

全书的统稿工作由高海波完成，由高海波、覃晓群、宁矿凤任主编，由郭红宇、陈晔、冯新、龙仙爱任副主编，由邹逢兴任主审。其中，第 1 章和前言部分由高海波编写，第 2 章由郭红宇编写，第 3、4、6 章由覃晓群、宁矿凤、龙仙爱编写，第 5 章由陈晔与张诚编写，杨成群、冯新、任剑、曾文娟、刘利红、冯艳、陈丹桂、卢花等也参与了各章节部分内容的编写、修改以及配套资源的建设。

在本书编写过程中，编者受到同行众多教材的启发，得到了湖南涉外经济学院教务处和信息与机电工程学院领导的精心指导，得到中国水利水电出版社编辑的帮助与支持，在此一并表示感谢。由于编者水平有限，加之时间仓促，书中疏漏甚至错误之处在所难免，恳请广大读者批评指正。

编　者

2019 年 12 月

第一版前言

进入 21 世纪，多媒体技术得到迅速发展，多媒体的应用更以极强的渗透力进入人类生活的各个领域，如游戏、教育、档案、图书、娱乐、艺术、股票债券、金融交易、建筑设计、家庭、通信等。多媒体技术的出现极大地方便了人们的生活，它的广泛应用，也注定了它必在各行各业生根开花。随着计算机的普及，在计算机环境中成长起来的新一代年轻人，已经习惯了这一形式，多媒体技术也将日益普及。认识、了解和掌握多媒体技术的基础知识，熟悉常用的多媒体编辑工具、开发软件的使用，能让我们更好地适应信息社会，且会让我们的生活变得更加多姿多彩！

本书遵循"学用结合"的原则，将案例融入软件功能的介绍中，注重易学性和实用性，力求通过精心设计的课堂案例演练，使学生快速掌握多媒体技术的应用，符合高校应用型人才的培养要求。本书体系按照"学习要点和学习目标——知识讲解——课堂案例——习题与思考"的基于目标导向与案例驱动模式教学这一思路进行编排，着重培养学生或多媒体爱好者的计算机操作技能。希望读者通过本书案例的学习能熟练进行计算机多媒体软件的设计和开发、交互式多媒体作品的设计与制作。

本书共分为 6 章。第 1 章为多媒体技术的基础知识，第 2 章为多媒体素材的获取与编辑，第 3 章为图像处理技术，第 4 章为动画制作技术，第 5 章为视频合成与特效制作，第 6 章为多媒体制作。每章均提供丰富的经典课堂案例和习题，案例部分既提供了案例的原始素材，也提供了最终作品的效果文件。习题部分为选择题、思考题以及操作题，方便读者对案例中涉及的理论知识进行巩固，拓展学生的实际应用能力。

本书的特点是以一个多媒体作品的设计开发为主线，首先介绍了各种类型的素材的获取，继而从文字、声音、图像、动画、视频各方面对获取的素材进行编辑，最终通过多媒体制作工作将其合成为一个优秀的多媒体作品。通过案例驱动主要介绍了 4 款当前应用非常广泛的媒体创作软件：Photoshop CC，Flash CS6，After Effects CS6，Authorware 7。本书在内容编写上体系完整、细致全面且重点突出；在文字叙述上言简意赅、通俗易懂；在案例选取上强调案例的针对性、创意性与实用性相结合。讲解深入丰富，操作步骤明确且图文并茂也是本书的特色之一。

本书由湖南涉外经济学院信息科学与工程学院的一支教学经验丰富、年轻且具有活力的教学团队编写，由高海波、覃晓群、宁矿凤担任主编，由郭红宇、陈晔、冯新、龙仙爱担任副主编，由邹逢兴教授担任主审。具体分工如下：高海波负责确定总体方案，统稿以及第 1 章和前言部分的编写；覃晓群负责编写第 6 章；宁矿凤负责编写第 3、4 章；郭红宇负责编写第 2 章；陈晔负责编写第 5 章。由冯新、龙仙爱、杨成群、曾喜良、张诚、冯艳等老师进行各章节内容的审稿和部分内容的编写与修改工作。参与本书编写的还有卢花、曾雅丽、陈丹桂、徐红、周莹莲、匡巧艳、唐佳、陈慧、周茜、任剑等老师。

本书是作者以及作者所在学校大学计算机课程教学团队总结多年来的教学实践经验，根据湖南省教育科学规划"十二五"一般资助课题"GBL 与 PBL 教学模式的计算机公共基础课程探究式教学改革及应用研究"（XJK014BGD046）、湖南省普通高等学校教学改革项目"面向分类分层与模块化教学的计算机公共课程体系改革与实践"（湘教通〔2015〕291-535）等项目的研究成果组织编写的。在本书编写的过程中，得益于同行众多教材的启发，得到了湖南涉外经济学院教务处、信息科学与工程学院领导的精心指导，得到了中国水利水电出版社的帮助与支持，在此深表感谢。

虽然编者在编写本书的过程中倾注了大量心血，但恐百密之中仍有疏漏，恳请广大读者及专家批评指正。

编 者
2016 年 11 月

目　录

第1章　多媒体技术基础知识

第2章　多媒体素材的获取与编辑

第 3 章 图像处理技术

第 4 章　动画制作技术

第 5 章　视频处理技术

第 6 章　多媒体制作

第1章
多媒体技术基础知识

本章首先对媒体、多媒体与流媒体以及多媒体的特性、系统组成与分类等基本概念进行阐述，然后对多媒体的基本要素、多媒体软件以及多媒体作品设计流程进行介绍。通过本章的学习，可以认识并了解多媒体技术的基础知识，为后续章节的学习打下基础。

学习要点

- 媒体与多媒体概念
- 多媒体的特性
- 多媒体系统的组成与分类
- 多媒体的基本要素
- 多媒体软件
- 多媒体作品设计流程

学习目标

- 认识并了解多媒体技术的基本概念。
- 认识并理解多媒体的基本要素及它们的相关知识。
- 认识并熟悉常用的多媒体素材制作软件、多媒体平台软件。
- 掌握多媒体作品设计的一般流程。

1.1　多媒体技术的基本概念

自 20 世纪 80 年代以来，随着电子技术和大规模集成电路技术的发展，计算机技术、广播电视技术和通信网络技术这三大领域相互渗透融合、相互促进，从而形成了一门新的技术，即多媒体技术。多媒体技术能使计算机具有综合处理声音、文本、图形、图像和视频等信息的能力。

1.1.1　媒体、多媒体和流媒体

1.　媒体

媒体（Media）是指承载或传递信息的载体。日常生活中，大家熟悉的报纸、图书、杂志、广播、电影、电视均是媒体，都以它们各自的媒体形式进行信息传播。它们中有的以文字作为媒体，有的以声音作为媒体，有的以图像作为媒体，还有的（如影视）将文、图、声、像等综合起来作为媒体。按照 ITU-T（国际电信联盟电信标准分局）建议的定义，媒体分为以下 5 类：

（1）感觉媒体（Perception Medium）：指的是用户接触信息的感觉形式，如视觉、听觉、触觉等。目前，用于计算机系统的主要有语言、音乐、自然界中的声音、图像、动画、文本等视觉和听觉所感知的信息。触觉也正在慢慢地被引入到计算机系统中。

（2）表示媒体（Representation Medium）：指的是信息的表示形式，如图像、音频、视频等，是人们为了传送感觉媒体而人为研制出来的媒体（即用于数据交换的编码，文字的 ASCII 码、GB2312 码，图像的 JPEG、MPEG 码等）。借助于此种媒体，能更有效地存储感觉媒体或将感觉媒体从一个地方传送到另一个地方。

（3）显示媒体（Presentation Medium）：又称为表现媒体，是表现和获取信息的物理设备，也可以说是进行信息输入和输出的媒体，如显示器、打印机、扬声器等输出媒体，键盘、鼠标、摄像机、扫描仪、触摸屏等输入媒体。

（4）存储媒体（Storage Medium）：指存储数据的物理设备，如纸张、硬盘、光盘、U 盘等。

（5）传输媒体（Transmission Medium）：指传输数据的物理设备，如光缆、电缆、电磁波、无线电链路、交换设备等。

这些媒体形式在多媒体领域中都是密切相关的。但一般来说，我们所说的媒体主要指表示媒体，因为作为多媒体技术来说，主要研究的还是各种各样的媒体表示和表现技术。

2.　多媒体

多媒体一词译自英文"multimedia"，是多种媒体信息的载体，信息借助载体得以交流传播。文、图、声、像构成多媒体，采用如下几种媒体形式传递信息并呈现知识内容：

● 文：文本。
● 图：包括图形和静止图像。

- 声：声音。
- 像：包括动画和运动图像。

在信息领域中，多媒体是指文本、图形、图像、声音、影像等这些"单"媒体和计算机程序融合在一起形成的信息媒体，是指运用存储与再现技术得到的计算机中的数字信息。从字面上理解就是"多种媒体的综合"，相关的技术也就是"怎样进行多种媒体综合的技术"。多媒体技术概括起来说，就是融合了计算机硬件技术、计算机软件技术以及计算机美术、计算机音乐等多种计算机应用技术，能够对多种媒体信息进行综合处理的技术。具体全面来说，多媒体技术是以数字化为基础，能够对多种媒体信息进行采集、编码、存储、传输、处理和表现，综合处理多种媒体信息并使之建立起有机的逻辑联系，集成为一个系统并能具有良好交互性的技术。

以上有关多媒体的定义，是基于人们目前对多媒体的认识而总结归纳出来的。显然，随着多媒体技术的发展，计算机所能处理的媒体种类会不断增加，功能也会不断完善，有关多媒体的定义也会更加趋于准确和完整。

3. 流媒体

流媒体（Streaming Media）是多媒体网络应用的新概念。用户在网上可以直接点播歌曲或影视节目，而且完全不必将完整的音频、视频文件下载到本地计算机上，就可以利用多媒体播放软件收听和收看多媒体节目。

从广义上讲，流媒体指的是流媒体系统，也就是使音频和视频数据形成稳定、连续的传输流和回放流的一系列技术、方法和协议的总称。而狭义的流媒体是指相对于传统的下载—播放方式而言的一种媒体格式，它能从 Internet 上获取音频和视频等连续的多媒体数据流。

所以，目前在网络上传播多媒体信息主要利用下载和流式传输两种方式。传统的下载传输方式，在播放之前，需要先下载多媒体文件至本地，不仅需要较长时间，而且对本地计算机的存储容量也有一定的要求，这将限制存储容量较低的设备对网络多媒体的使用。流式传输是通过服务器向用户实时提供多媒体信息的方式，不必等到整个文件全部下载完毕，在启动软件工具后经过少量延时即可播放，客户端可以边接收数据边播放。流式传输大大地缩短了多媒体信息播放延时，同时也降低了多媒体文件对本地缓存容量的需求，为实现现场直播形式的实时数据传输提供了有效可行的手段。

1.1.2　多媒体的特性

多媒体的特性主要体现在信息载体的多样性、交互性、集成性和实时性 4 个方面，这既是多媒体的主要特征，也是在多媒体研究中必须解决的主要问题。

（1）多样性：包括信息媒体的多样性和媒体处理方式的多样性。信息媒体的多样性指使用文本、图形、图像、声音、动画、视频等多种媒体来表示信息。对信息媒体的处理方式可分为一维、二维和三维等不同方式，例如文本属于一维媒体，图形属于二维或三维媒体。

（2）集成性：是指以计算机为中心，综合处理多种信息媒体的特性，包括信息媒体的集成和处理这些信息媒体的设备与软件的集成。

（3）交互性：是指通过各种媒体信息，使参与交互的各方（发送方和接收方）都可以对有关信息进行编辑、控制和传递。交互性不仅增加用户对信息的注意力和理解力，延长信息的保留时间，而且交互活动本身也作为一种媒体加入了信息传递和转换的过程，从而使用户获得更多的信息。

（4）实时性：是指在多媒体系统中，声音媒体和视频媒体是与时间因子密切相关的，这决定了多媒体及多媒体技术的实时性，意味着多媒体系统在处理信息时有着严格的时序要求和很高的速度要求。

1.1.3 多媒体系统的组成

多媒体系统是一个复杂的软硬件结合的综合系统。该系统把音频、视频等媒体与计算机系统集成在一起组成一个有机的整体，并由计算机对各种媒体进行数字化处理。由此可见，多媒体系统不是原系统的简单叠加，而是有其自身结构特点的系统。组成一个成熟而完备的多媒体系统，其要求是相当高的。

1. 计算机硬件系统

搭建多媒体系统除了需要较高配置的传统计算机硬件之外，通常还需要音频、视频处理设备以及各种多媒体输入输出设备等。目前，计算机厂商为了满足越来越多用户对多媒体系统的要求，采用两种方式提供多媒体所需的硬件：一是把各种部件都集成在计算机主板上，如 Tandy、Philips 等公司生产的多媒体计算机；二是生产各种有关的板、卡等硬件产品和工具，接插到现有的计算机中，使计算机升级而具有多媒体的功能。一般而言，多媒体计算机的硬件结构有以下基本要求：

（1）功能强大、速度快的 CPU。

（2）可存放大量数据的配置和足够大的存储空间。

（3）高分辨率的显示接口与设备，可以使动画、图像能够图文并茂地显示。

（4）高质量的声卡，可以提供优质的数字音响。

2. 多媒体接口卡

多媒体接口卡是根据多媒体系统对获取、编辑音频或视频的需要而插接在计算机上的。多媒体接口卡可以连接各种计算机的外部设备，解决各种多媒体数据输入输出的问题，建立可以制作或播出多媒体系统的工作环境。常用的接口卡包括声卡（音频卡）、语音卡、声控卡、图形显示卡、光盘接口卡、VGA/TV 转换卡、视频捕捉卡、非线性编辑卡等。

3. 多媒体外部设备

（1）视频、音频输入设备，包括 CD-ROM、扫描仪、摄像机、录像机、数码照相机、激光唱盘、MIDI 合成器和传真机等。

（2）视频、音频播放设备，包括电视机、投影仪、音响器材等。

（3）交互设备，包括键盘、鼠标、高分辨率彩色显示器、激光打印机、触摸屏、光笔等。

（4）存储设备，如磁盘、WORM 和光存储器等。

4. 多媒体计算机系统结构

多媒体计算机系统是对基本计算机系统软硬件功能的扩展，作为一个完整的多媒体计算机系统，它应该包括五个层次的结构，如图 1-1 所示。

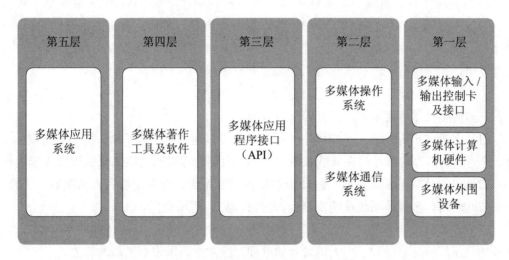

图 1-1　多媒体计算机系统层次结构

（1）最底层是多媒体计算机硬件系统。主要任务是实时地综合处理文、图、声、像信息，实现全动态视像和立体声的处理，对多媒体信息进行实时的压缩与解压缩。

（2）第二层是多媒体的软件系统。它主要包括多媒体操作系统、多媒体通信系统等部分。操作系统具有实时任务调度、多媒体数据转换和同步控制、多媒体设备的驱动和控制以及图形用户界面管理等功能。

（3）第三层为多媒体应用程序接口（API）。这一层是为上一层提供软件接口，以便程序员在高层通过软件调用系统功能，并能在应用程序中控制多媒体硬件设备。

（4）第四层为多媒体著作工具及软件。它是在多媒体操作系统的支持下，利用图形和图像编辑软件、视频处理软件、音频处理软件等来编辑与制作多媒体节目素材，并在多媒体著作工具软件中集成。

（5）第五层是多媒体应用系统，这一层直接面向用户，是为满足用户的各种需求服务的。

1.1.4　多媒体系统的分类

1. 从对象的角度分类

从多媒体系统所面向的对象来看，可分为以下 4 类：

（1）多媒体开发系统。该系统需要较完善的硬件环境和软件支持，主要目标是为多媒体专业人员开发各种应用系统提供应用软件开发和多媒体文件综合管理能力。

（2）多媒体演示系统。该系统是一个功能齐全、完善的桌面系统，用于管理用户的声音、图像资源，提供专业化的多媒体演示，使观众有强烈的现场感受，用于介绍企业产品性能、科学研究成果等。

（3）家庭应用系统。只要在计算机上配置 CD-ROM、声卡、音箱和话筒，就可以构成一个家用多媒体系统，它可用于家庭中的学习、娱乐等。

（4）多媒体教育系统。多媒体可以在计算机辅助教学（CAI）中大显身手。教育、培训系统中融入多媒体技术，可以做到声、图、文并茂，界面丰富多彩并具有形象性和交互性，提高学生学习的兴趣和注意力，大大改善教学效果。该系统可用于不同层次的教学环境，如学校教学、企事业培训、家庭学习等。

2. 从应用角度分类

从多媒体技术应用来看，可分为以下 6 类：

（1）多媒体出版系统。多媒体电子出版系统是以电子数据的形式，把文字、图像、影像、声音、动画等信息存储在非纸张载体上，并通过计算机或网络来播放以供人们观看。

（2）多媒体信息咨询系统。例如图书情报检索系统、证券交易咨询系统等，用户只需要按几个键，多媒体系统就能以声音、图像、文字等方式给出信息。

（3）多媒体娱乐系统。多媒体系统提供的交互播放功能、高质量的数字音箱、图文并茂的显示等特征，受到了广大消费者的欢迎，给文化娱乐带来了新的活力。

（4）多媒体通信系统。例如可视电话、视频会议等，增强了人们身临其境、如面对面交流一样的感觉。

（5）多媒体数据库系统。将多媒体技术和数据库技术相结合，在普通数据库的基础上增加了声音、图像和视频数据类型，对各种多媒体数据进行统一的组织和管理，如图1-2所示。目前，多媒体数据库广泛地应用在全文信息检索，档案、名片管理系统，卫星、医学、指纹等图像检索和音频检索以及体育、新闻等视频检索多个领域。

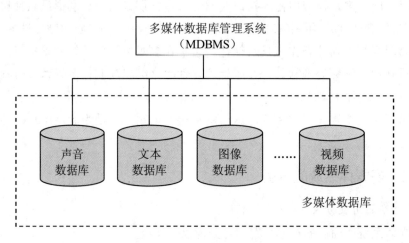

图 1-2　多媒体数据库管理系统结构

（6）虚拟现实技术。虚拟现实技术（Virtual Reality，VR）又称灵境技术、虚拟环境等。"虚拟"的含义即这个世界或环境是虚拟的，不是真实的，是由计算机生成的，存在于计算机内部的世界；"现实"的含义是真实的世界或现实的环境，把两者合并起来就称为"虚拟现实"，也就是说采用计算机等设备，并通过各种技术手段创建出一个新的环境，让人感觉就如同处在真实的客观世界一样。虚拟现实是多媒体技术里一项比较新的技术，是未来多媒体的发展方向，虚拟现实技术的应用也是多媒体技术发展的里程碑。虚拟现实技术的应用前景十分广阔，它始于军事和航空航天领域的需求，但近年来，虚拟现实技术的应用已大步走进工业、建筑设计、教育培训、文化娱乐等方面。如通过立体头罩、虚拟现实套件进行自然交互；虚拟驾驶飞机、体验汽车及新武器系统等；三维游戏、三维地形生成、数字城市虚拟规划、虚拟外科手术、虚拟制造与维修等，它正在改变着我们的生活。

3. 从研究和发展角度分类

从多媒体技术的研究和发展来看，多媒体系统可分为两大类：一类是以计算机为基础的多媒体化，如各计算机公司研究、推出的各种多媒体产品；另一类是在电视和声像技术基础上的进一步计算机化，如 Philips、SONY 等公司开发的许多产品。多媒体技术发展的趋势是两者的结合，例如计算机和家用电器互相渗透、多种功能结合，逐步走向标准化、实用化。

1.2　多媒体的基本要素

多媒体的基本要素，也可以说是多媒体的主要媒体元素，指多媒体应用中可显示给用户的媒体形式。目前我们常见的媒体元素主要有文本、图形、图像、音频、动画、视频等。

1.2.1　文本

文本（Text）是用字符代码及字符格式表示出来的数据。计算机在进行文字处理时，依据的就是对字符代码的识别，它是文本处理程序的基础，也是多媒体应用程序的基础。例如，英文常用的是 ASCII，而中文一般采用的是国标码。那些用图像方式显示的文字，虽然人可以识别，但由于没有使用文字代码，所以并不属于文本信息。

在文本文件中，如果只有文字信息，没有其他任何有关格式的信息，则称为非格式化文本文件或纯文本文件；而带有各种文本排版等格式信息（如段落格式、字体格式、文章编号、分栏、边框）的文件，称为格式化文本文件。文本的多样化是由文字的变化，即字的格式（Style）、字的定位（Align）、字体（Font）、字的大小（Size）以及由这 4 种变化的各种组合形成的。这些格式与具体的文本编辑软件有关，例如 Microsoft Word、金山 WPS 等。

1.2.2 图形与图像

1. 图形（Graphic）

图形一般是指用计算机绘制的几何画面，如直线、圆、圆弧、矩形、任意曲线、图表等。图形的格式是一组描述点、线、面等几何图形的大小、形状及其位置、维数的指令集合，如 line(x1,y1,x2,y2,color)、circle(x,y,r,color)，就分别是画线、画圆的指令。在图形文件中只记录生成图的算法和图上的某些特征点，因此也称矢量图。通过读取这些指令并将其转换为屏幕上所显示的形状和颜色而生成图形的软件通常称为绘图程序。在计算机上还原输出时，相邻的特征点之间用特定的诸多段短线段连接就形成曲线，若曲线是一段封闭的图形，也可靠着色算法来填充颜色。图形最大的优点在于可以分别控制处理图中的各个部分，如在屏幕上移动、旋转、放大、缩小、扭曲而不失真，不同的物体还可在屏幕上重叠并保持各自的特性，必要时仍可分开。因此，图形主要用于表示线框型的图画、工程制图、美术字等。绝大多数 CAD 和 3D 造型软件都使用矢量图形作为基本图形存储格式。

对图形来说，数据的记录格式是很关键的内容，记录格式的好坏直接影响到图形数据的操作方便与否。在计算机中图形的存储格式大都不固定，要视各个软件的特点并由开发者自定。微机上常用的矢量图形文件有 3DS 格式文件（是 3D Studio 的动画原始图形文件，含有纹理和光照信息，用于 3D 造型）、AI 格式文件（是久负盛名的绘图软件 Adobe Illustrator 文件格式）、CDR 格式文件（是 CorelDRAW 标准文件存储格式）、DXF 格式文件（是 AutoCAD 软件的图形文件格式）等。图形文件的关键是图形的制作与再现，图形只保存算法和特征点，所以相对于图像的大数据量来说，它占用的存储空间较小，但在屏幕每次显示时，它都需要经过重新计算。另外在打印输出和放大时，图形的质量较高。

2. 图像（Image）

图像是指用数字点阵方式表示的场景画面。静止的图像是一个矩阵，由一些排成行列的点组成，这些点称为像素点（Pixel），这种图像称为位图（Bitmap）。一般来说，经过扫描输入和图像软件处理的图像文件都属于位图，与矢量图相比，位图的图像更容易模拟照片的真实效果。位图的工作是基于方形像素点的，这些像素点像是"马赛克"，如果将这类图像放大到一定的程度时，就会看见构成整个图像的无数单个方块，这些小方块就是图像中最小的构成元素——像素点，因此，位图的大小和质量取决于图像中像素点的多少。

位图图像能够记录每一个点的数据信息，因而可以精确地记录丰富的亮度变化，表现出色彩和层次变化非常丰富的图像，图像清晰细腻，具有生动的细节和极其逼真的效果。可以将位图图像直接存储为标准的图像文件格式，且很容易在不同的软件之间进行文件交换。改变图像尺寸时，像素点的总数并没有发生改变，而只是像素点之间的距离增大了，也就是说，位图涉及重新取样并重新计算整幅画面各个像素的复杂过程，这样导致尺寸增大后的图像清晰度降低，色彩饱和度也有所损失，因此，在缩放和旋转时会产生失真现象。另外，由于在保存位图文件时需要记录下每一个像素的位置和色彩，这样就造成了文件所占空间大，软件处理速度慢。

图像文件在计算机中的存储格式有多种，如 BMP、PCX、TIF、TGA、GIF、JPG 等。它除了可以表达真实的照片外，还可以表现复杂绘画的某些细节，并具有灵活、富于创造力等特点。

图像的关键技术是图像的扫描、编辑、压缩、快速解压、色彩一致性再现等。图像处理时一般要考虑以下 3 个因素：

（1）分辨率。分辨率有屏幕分辨率、图像分辨率和像素分辨率 3 种。其中屏幕分辨率指计算机显示器屏幕显示图像的最大显示区，用水平和垂直像素点来表示，比如目前移动 PC 机的推荐分辨率为 1366×768 个像素点。图像分辨率指数字化图像的大小，用水平和垂直像素点来表示，例如在移动 PC 机屏幕上显示一张 800×600 个像素点的图像，"800×600" 就是图像分辨率。像素分辨率是指像素的宽高比，一般为 1:1。在像素分辨率不同的机器间传输图像时会产生畸变。因此，分辨率影响图像质量。

（2）图像灰度。图像灰度是指每个图像的最大颜色数，屏幕上每个像素都用 1 位或多位描述其颜色信息。如单色图像的灰度为 1 位二进制码，表示亮与暗；若每个像素 4 位，则表示支持 16 色；8 位支持 256 色；若为 24 位，则颜色数可达 1677 万多种，通常称为真彩色。简单的画图和卡通图可用 16 色，而自然风景图则至少要 256 色。

（3）图像文件大小。以 Byte（字节）为单位表示图像文件的大小时，描述方法为（高×宽×灰度位数）/8，其中高是指垂直方向的像素值，宽是指水平方向的像素值。例如，一幅 640×480 的 256 色图像为 640×480×8/8=307200Byte。图像文件大小影响到图像从硬盘或光盘读入内存的传送时间，为了减少该时间，应缩小图像尺寸或采用图像压缩技术。在多媒体设计中，一定要考虑图像文件大小。

图形与图像有时在用户看来是一样的，但从技术上看则完全不同。同样一幅图，例如一个圆，若采用图形媒体元素，其数据记录的信息是圆心坐标点 (x,y)、半径 r 及颜色编码；若采用图像媒体元素，其数据文件则记录在哪些坐标位置上有什么颜色的像素点。所以图形的数据信息处理起来更灵活，而图像数据则与实际更加接近。

随着计算机技术的飞速发展，图形和图像之间的界限已越来越小，它们互相融合和贯通。比如，文字或线条表示的图形在扫描到计算机时，从图像的角度来看，均是一种最简单的二维数组表示的点阵图。在经过计算机自动识别出文字或自动跟踪出线条时，点阵图就可形成矢量图。目前汉字手写体的自动识别、图文混排的印刷体自动识别、印鉴以及面部照片的自动识别等，也都是图像处理技术借用了图形生成技术的内容。而地理信息和自然现象的真实感图形表示、计算机动画和三维数据可视化等领域，在三维图形构造时又都采用了图像信息的描述方法。因此，了解并采用恰当的图形、图像形式，注重两者之间的联系，是人们目前在图形图像使用时应考虑的重点。

1.2.3 音频

音频（Audio）指人说话的声音频率，通常指 300 ～ 3400Hz 的频带，是存储声音内容的文件。数字音频可分为波形声音、语音和音乐。波形声音实际上已经包含了所有的声音形式，它可以把任何声音都进行采样量化并恰当地恢复出来，对应的文件格式是 WAV 文件或 VOC 文件。人的说话声虽是一种特殊的媒体，但也是一种波形，所以和波形声音的文件格式相同。音乐是符号化了的声音，乐谱可转变为符号媒体形式，对应的文件格式是 MID 文件或 CMF 文件。将音频信号集成到多媒体中，可形成其他任何媒体不能取代的效果，不仅烘托气氛，而且增加活力。音频信息增强了对其他类型媒体所表达的信息的理解。

通常，声音是用一种模拟的连续波形来表示。波形描述了空气的振动，波形最高点（或最低点）与基线间的距离为振幅，振幅表示声音的强度。波形中两个连续波峰间的距离称为周期。波形频率由 1 秒内出现的周期数决定，若每秒 1000 周期，则频率为 1kHz。通过采样可将声音的模拟信号数字化，采样值可重新生成原始波形。

对声音的处理主要是编辑声音和声音不同存储格式之间的转换。计算机音频技术主要包括声音的采集、数字化、压缩 / 解压缩以及声音的播放。影响数字声音波形质量的主要因素有以下 3 个：

（1）采样频率：等于波形被等分的份数，份数越多（即频率越高），质量越好。

（2）采样精度：即每次采样信息量。采样通过模 / 数转换器（A/D 转换器）将每个波形垂直等分，若用 8 位 A/D 转换器，可把采样信号分为 256 等份；若用 16 位 A/D 转换器，则可将其分为 65536 等份。显然，后者比前者音质好。

（3）通道数：声音通道的个数表明声音产生的波形数，一般分为单声道和立体声道，单声道产生一个波形，立体声道则产生两个波形。采用立体声道声音丰富，但存储空间要占用很多。由于声音的保真与节约存储空间是相互矛盾的，因此要选择一个平衡点。

1.2.4 动画

动画（Animation）是运动的图形，其实质是一幅幅静态图形的连续播放。动画的连续播放既指时间上的连续，也指内容上的连续，即播放的相邻两幅图形之间内容相差不大。动画压缩和快速播放也是动画技术要解决的重要问题，对其处理的方法有多种。计算机设计动画的方法有两种：一种是造型动画，一种是帧动画。前者对每一个运动的物体分别进行设计，赋予每个对象一些特征，如大小、形状、颜色等，然后用这些对象构成完整的帧画面。造型动画每帧由图形、声音、文字、调色板等造型元素组成，控制动画中每一帧中图元表演和行为的是由制作表组成的脚本。帧动画则是由一幅幅位图组成的连续的画面，就像电影胶片或视频画面一样，要分别设计每个屏幕显示的画面。

计算机制作动画时，只要做好主动作画面，其余的中间画面都可以由计算机内插来完成。不运动的部分直接复制过去，与主动作画面保持一致。当这些画面仅是二维的透视效果时，就是二维动画。如果通过 CAD 形式创造出空间形象的画面，就是三维动画；如果使其具有真实的光照效果和质感，就形成为三维真实感动画。动画处理软件可分为两类：绘制和编辑动画软件（Animator Pro、3D Studio MAX、Maya、Cool 3D、Poser）、动画处理软件（Animator Studio、Premiere、GIF Construction Set、After Effects）。存储动画的文件格式有 FLC、MMM 等。

1.2.5 视频

视频（Video）是指若干有联系的图像数据连续播放形成的。计算机视频是数字的，视频图像可来自录像带、摄像机等视频信号源的影像，这些视频图像使多媒体应用系统功能更强、更精彩。但由于上述视频信号的输出大多是标准的彩色全电视信号，要将其输入到计算机中，不仅要有视频信号的捕捉，实现由模拟信号向数字信号的转换，还要有压缩和快速解压缩以及播放的相应软硬件处理设备配合。同时在处理过程中免不了受到电视技术的各种影响。

电视主要有 3 种制式，即 NTSC（525/60）、PAL（625/50）和 SECAM（625/50），括号中的数字为电视显示的线行数和频率。如 PAL 制的扫描线数为 625 线，工作频率为 50Hz。当计算机对其进行数字化时，就必须在规定时间（如 1/30s）内完成量化、压缩和存储等多项工作。视频文件的存储格式有 AVI、MPG、MOV 等。

动态视频对于颜色空间的表示有多种情况，最常见的是 R、G、B（红、绿、蓝）三维彩色空间。此外，还有其他彩色空间表示，如 Y、U、V（Y 为亮度，U、V 为色差），H、S、I（色调、饱和度、强度）等，并且还可以通过坐标变换来相互转换。

对于动态视频的操作和处理除了在播放过程中动作与动画相同外，还可以增加特技效果，如硬切、淡入、淡出、复制、镜像、马赛克、万花筒等，用于增加表现力，但这在媒体中属于媒体表现属性的内容。在视频中有以下几个重要的技术参数：

（1）帧速。视频是利用快速变换帧的内容而达到运动的效果。视频根据制式的不同有 30f/s（NTSC）、25f/s（PAL）等。有时为了减少数据量而减慢了帧速，例如只有 16f/s，也可以达到满意程度，但效果略差。

（2）数据量。如不计压缩，数据量应是帧速乘以每幅图像的数据量。假设一幅图像为 1MB，则每秒将达到 30MB（NTSC），但经过压缩后可减少几十倍甚至更多。尽管如此，图像的数据量仍然很大，以至于计算机显示等跟不上速度，导致图像失真。此时就只有在减少数据量上下功夫，除降低帧速外，也可以缩小画面尺寸，如仅 1/4 屏或 1/16 屏，都可以大大降低数据量。

（3）图像质量。图像质量除了与原始数据量有关外，还与对视频数据压缩的倍数有关。一般来说，压缩比较小时，对图像质量不会有太大影响，而超过一定倍数后将会明显看出图像质量下降。所以数据量与图像质量是一对矛盾体，需要进行适当的折中。

1.3 多媒体软件

多媒体软件主要用于制作多媒体作品。由于多媒体软件的集成度不高，几乎没有一款集成软件能够独立完成多媒体制作的全过程，因而选择软件的余地比较大。对于同一个多媒体素材，可以使用多种软件进行制作。

在多媒体制作后期阶段，需要另外一些软件把图像、图形、动画、声音等素材有机地结合在一起，并产生交互作用。这些软件起到支撑平台的作用。在支撑平台上，所有多媒体素材、媒体和信息载体之间建立起联系，构成完整的多媒体系统。具有这种支撑平台功能的软件也不少，可根据需要进行选择。

1.3.1 素材制作软件

素材制作软件是一个大家族，能够制作素材的软件很多，有文字编辑软件、图像处理软件、动画制作软件、音频处理软件、视频处理软件等。由于素材制作软件各自的局限性，因此在制作和处理稍微复杂一些的素材时，往往要使用几个软件来完成。

1. 图像处理软件

图像处理软件专门用于获取、处理和输出图像，主要进行平面设计、制作多媒体作品和广告设计等。图像处理软件的基本功能如下：

（1）获取图像功能。利用扫描仪、数码照相机、Photo CD 光盘等获得图像素材。

（2）输入与输出功能。图像打印也是输出形式的一种。

（3）加工处理图像。这是图像处理软件的核心功能。

（4）图像文件格式转换。

图像处理软件的主要作用是对构成图像的数字进行运算、处理和重新编码，形成新的数字组合和描述，从而改变图像的视觉效果。

2. 动画制作软件

动画是表现力最强、承载信息量最大、内容最为丰富、最具有趣味性的媒体形式。人们总是习惯接受视觉信息，尤其是动态信息。动画所表达的内容虽然丰富、吸引人，但动画的制作却不是件容易事。按照传统做法，人们要花费大量的时间和精力创作动画，有些动画片甚至需要几年才能完成。随着计算机技术的发展，在商业广告、多媒体教学、影视娱乐业、航空航天技术和工业模拟等领域开始使用计算机制作动画。

动画制作软件分以下两类：

（1）绘制和编辑动画软件。这类软件具有丰富的图形绘制和上色功能，并具备自动动画生成功能，是原创动画的重要工具。具有代表性的软件有：

● Animator Pro：早期的平面动画制作软件。

● 3D Studio MAX：三维造型与动画制作软件。

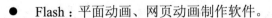

- Flash：平面动画、网页动画制作软件。
- Maya：三维动画设计软件。
- Cool 3D：三维文字动画制作软件。
- Poser：人体三维动画制作软件。

（2）动画处理软件。这类软件对动画素材进行后期合成、加工、剪辑和整理，甚至添加特殊效果，对动画具有强大的加工处理能力。典型的软件有：

- Animator Studio：动画加工、处理软件。
- Premiere：电影影像、动画处理软件。
- GIF Construction Set：网页动画处理软件。
- Animation GIF：网页动画处理软件。
- After Effects：电影影像、动画后期合成软件。

3. 声音处理软件

声音是一种人们非常熟悉的媒体形式。专门用于加工和处理声音的软件通常叫做声音处理软件。它的作用是把声音数字化，并对其进行编辑加工、合成多个声音素材、制作某种声音效果，以及保存声音文件等。

常见的声音处理软件主要有：

（1）Easy CD-DA Extractor：把光盘音轨转换成 WAV 格式的数字化音频文件。

（2）GoldWave：带有数字录音、编辑、合成等多种编辑功能的声音处理软件。

（3）Cool Edit Pro：编辑功能丰富的声音处理软件。

声音编辑处理软件是一个大家族，虽然功能种类各异，但主要编辑手段差别不大。处理过的音频信号能够以文件形式保存到磁盘或光盘上，依据使用场合的不同可采用不同的文件格式进行保存。

值得注意的是，声音的处理不仅与软件有关，而且与硬件环境有关。高性能的声音处理软件必须在高速的中央处理器、大容量的内存储器、高性能的声音适配器等硬件条件下使用，才能真正发挥作用。

1.3.2 多媒体平台软件

在制作多媒体作品的过程中，通常先利用专门软件对各种媒体进行加工和制作。当媒体素材制作完成之后，再使用某种软件系统把它们结合在一起，形成一个互相关联的整体。该软件系统还提供操作界面的生成、添加交互控制、数据管理等功能。完成上述功能的软件系统叫做多媒体平台软件。平台是指把多种媒体形式置于一个平台上，进而对其进行协调控制和各种操作。

1. 软件种类

完成多媒体平台功能的软件有很多种，高级程序设计语言、专门用于多媒体素材连接的专用软件，还有既能运算又能处理多媒体素材的综合类软件等都能实现平台的作用。比较常见的多媒体平台软件有以下 3 种：

（1）PowerPoint：办公系列软件。设计和制作 PPT 多媒体演示作品无需专业的程序设计思想与手段，具有一定的计算机基础知识就能很容易地掌握。使用 PowerPoint 开发的多媒体作品具有一定的灵活性、丰富的演示功能和良好的视觉效果。但是优秀的 PPT 多媒体作品也需要建立在深入地熟悉和掌握该软件的基础上。

（2）Visual Basic：高级程序设计语言。一般适用于那些具有一定编程经验的人。利用该程序语言的一组叫做控件的程序模块完成多媒体素材的连接、调用和交互性程序的制作。使用程序进行多媒体作品的制作可使多媒体作品具有明显的灵活性。

（3）Authorware：专用多媒体制作软件。该软件使用简单，交互性功能多而强。它具有大量的系统函数和变量，对于实现程序的跳转、重新定向游刃有余。多媒体作品程序的整个开发过程均可在该软件的可视化平台上进行，程序模块结构清晰简洁，采用鼠标拖曳就可以轻松地组织和管理各模块，并对模块之间的调用关系和逻辑结构进行设计。

2. 软件作用

多媒体平台软件是多媒体作品设计实现过程中最重要的系统，它是多媒体作品是否成功的关键。其主要作用有：

（1）控制各种媒体的启动、运行与停止。

（2）协调媒体之间发生的时间顺序，进行时序控制与同步控制。

（3）生成面向使用者的操作界面，设置控制按钮和功能菜单，以实现对媒体的控制。

（4）生成数据库，提供数据库管理功能。

（5）对多媒体程序的运行进行监控，其中包括计数、计时、统计事件发生的次数等。

（6）对输入和输出方式进行精确的控制。

（7）对多媒体目标程序打包，设置安装文件、卸载文件，并对环境资源以及多媒体系统资源进行监测和管理。

1.4　多媒体作品设计的一般流程

多媒体作品的设计与制作分几个阶段来实现，每个阶段完成一个或几个特定的任务。下面将按照多媒体作品的设计开发流程简要介绍各阶段的要点。

1. 多媒体作品创意设计

多媒体作品的创意设计是多媒体作品设计的首要阶段，也是非常重要的阶段。从时间、内容、素材到各个具体制作环节、程序结构等，都要事先周密筹划。作品创意设计的主要流程内容包括：

（1）确定作品在时间轴上的分配比例、进展速度和总长度。

（2）撰写和编辑信息内容，包括教案、讲课内容、解说词等。

（3）规划用何种媒体形式表现何种内容，包括界面设计、色彩设计、功能设计等。

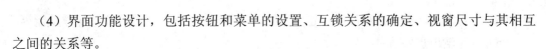

（4）界面功能设计，包括按钮和菜单的设置、互锁关系的确定、视窗尺寸与其相互之间的关系等。

（5）统一规划并确定媒体素材的文件格式、数据类型、显示模式等。

（6）确定使用何种软件制作媒体素材。

（7）确定使用何种平台软件。如果采用计算机高级语言编程，则要考虑程序结构、数据结构、函数命名及其调用等问题。

（8）确定光盘载体的目录结构、安装文件，以及必要的工具软件。

（9）将全部创意、进度安排和实施方案形成文字资料，并制作脚本。

作品创意阶段力求考虑细腻、严谨，之所以非常重要是因为小的失误都可能使后续的开发工作陷入困境，甚至需要重新开始。

2. 多媒体作品的素材加工与制作

多媒体素材的加工与制作是工作量最大、最艰苦又很耗时的设计实现阶段。在此阶段要和各种软件打交道，要制作图像、动画、声音及文字素材等。

素材加工与制作必须参照多媒体作品的脚本要求进行，主要流程及内容有：

（1）录入文字，并生成纯文本格式的文件（可用 .txt 格式）。

（2）扫描或绘制图片，并根据需要进行加工和修饰，然后形成脚本要求的图像文件。

（3）按照脚本要求制作规定长度的动画或视频文件。在制作动画过程中，要考虑声音与动画的同步、画外音区段内的动画节奏、动画衔接等问题。

（4）制作解说和背景音乐。按照脚本要求将解说词进行录音，可直接从光盘上经数据变换得到背景音乐。在进行解说音和背景音混频处理时，要保证恰当的音强比例和准确的时间长度。

（5）利用工具软件对所有素材进行检测。对于文字内容，主要检查用词是否准确、概念描述是否严谨等；对于图片，则侧重于画面分辨率、显示尺寸、彩色数量、文件格式等方面的检查；对于动画和音乐，主要检查二者时间长度是否匹配、数字音频信号是否有爆音、动画的画面调度是否合理等内容。

（6）数据优化。是针对媒体素材进行的，主要目的是减少各种媒体素材的数据量、减少占用存储空间，提高多媒体作品运行效率。

另外，还有一个重要的事情就是进行制作素材的备份，以防花费大量时间制作的素材文件损坏或丢失。

3. 多媒体作品的程序编制

多媒体作品设计的后期，需要使用高级语言进行编程以便实现各媒体的连接与合成，并通过程序来实现多媒体作品的全部控制功能。主要流程及内容有：

（1）设置菜单结构。主要是明确菜单功能分类、鼠标点击菜单模式等。

（2）确定按钮操作方式。

（3）建立数据库。

（4）界面制作，包括窗体尺寸设置、按钮设置与互锁、媒体显示位置、状态提示等。

（5）添加附加功能。例如趣味习题、课间音乐欣赏、简单小工具、文件操作功能等。

（6）打印输出重要信息。

（7）帮助信息的显示与联机打印。

程序在编制过程中，通常要反复进行测试与调试，修改不合理的程序结构，改正错误的数据定义和传递方式，检查并修正逻辑错误等。

4. 多媒体作品成品及包装

无论是多媒体程序，还是多媒体模块，最终都要成为成品。成品是指具备实际使用价值、功能完善而可靠、文字资料齐全、具有数据载体的产品。

成品的制作大致包括以下流程及内容：

（1）确认各种媒体文件的格式、名字及其属性。

（2）进行程序标准化工作，包括确认程序运行的可靠性、系统安装路径自动识别、运行环境自动识别、打印接口识别等内容。

（3）系统打包。打包是指把全部系统文件进行捆绑，形成若干集成文件，并生成系统安装文件和卸载文件。

（4）设计光盘目录的结构，规划光盘的存储空间分配比例。如果采用文件压缩工具压缩系统数据，还要规划释放的路径和考虑密码的设置问题。最后根据需要可采用 CD-R 或 CD-RW 等类型的盘片进行光盘的制作。

（5）编写技术说明书和使用说明书。技术说明书主要说明软件系统的各种技术参数，包括媒体文件的格式与属性、系统对软件环境的要求、对计算机硬件配置的要求、系统的显示模式等。使用说明书主要介绍系统的安装方法、寻求帮助的方法、操作步骤、疑难解答、作者信息以及联系方法等。

习题与思考

一、选择题

1. 下列（　　）媒体属于感觉媒体。

①语言　②图像　③语言编码　④文本

A. ①②　　　　　B. ①③　　　　　C. ①②④　　　　　D. ②③④

2. 下面（　　）说法是不正确的。

A. 电子出版物存储容量大，一张光盘可以存储几百本书

B. 电子出版物可以集成文本、图形、图像、动画、视频和音频等多媒体信息

C. 电子出版物不能长期保存

D. 电子出版物检索快

3. 下列配置中（　　）是多媒体计算机必不可少的。

　　① CD-ROM 驱动器　②音频卡　③显示设备　④高质量的视频采集卡

　　A. ①　　　　　　　B. ①②　　　　　　C. ①②③　　　　　　D. 全部

4. 下列说法中正确的有（　　）。

　　①图像都是由一些排成行列的点（像素）组成的，通常称为位图或点阵图

　　②图形是用计算机绘制的画面，也称矢量图

　　③图像的最大优点是容易进行移动、缩放、旋转和扭曲等变换

　　④图形文件中只记录生成图的算法和图上的某些特征点，数据量较小

　　A. ①②③　　　　　B. ①②④　　　　　C. ①②　　　　　　D. ①③④

5. 媒体中的（　　）指的是为了传送感觉媒体而人为研究出来的媒体。

　　A. 感觉媒体　　　B. 表示媒体　　　　C. 显示媒体　　　　D. 存储媒体

6. 多媒体技术的主要特性有（　　）。

　　①多样性　②集成性　③交互性　④可扩充性

　　A. ①　　　　　　　B. ①②　　　　　　C. ①②③　　　　　　D. 全部

7. 关于图像数字化，以下说法中错误的是（　　）。

　　A. 数字化的图像不能直接观看，必须借助播放设备及软件才能观看

　　B. 数字化的图像不会失真

　　C. 数字图像传输非常方便

　　D. 图像数字化就是将图像用 0、1 编码的形式表示

8. 以下关于流媒体说法正确的是（　　）。

　　A. 只有视频才有流媒体

　　B. 多媒体与流媒体是同时发展的

　　C. 流媒体指在因特网或者局域网中使用流式传输技术，由媒体服务器向用户实时传送音频或多媒体文件

　　D. 多媒体就是流媒体

9. 关于图形，以下说法正确的是（　　）。

　　A. 图形改变大小会失真　　　　　　B. 图形是矢量图

　　C. 图形占较大的存储空间　　　　　D. 图形就是图像

10. 扫描图像时，输入分辨率常用 DPI 来表示，它是指（　　）。

　　A. 每英寸的点数　　　　　　　　　B. 颜色数

　　C. 每英寸的像素数　　　　　　　　D. 每厘米的点数

11. 数字音频采样和量化过程所用的主要硬件是（　　）。

　　A. 数字到模拟的转换器（D/A 转换器）

　　B. 模拟到数字的转换器（A/D 转换器）

　　C. 数字解码器

　　D. 数字编码器

12．不论多媒体作品的设计开发的目的和内容有何不同，其开发的基本过程一般都要遵循以下几个阶段：①编写使用手册；②成品的制作与发布使用；③作品的程序编制与修改调试；④信息的规划与组织；⑤多媒体素材制作与集成。它们的先后次序是（　　）。

    A．①②③④⑤   B．④⑤③②①

    C．②①④⑤③   D．⑤④①②③

二、思考题

1．多媒体技术的基本概念有哪些？

2．简述多媒体的特性。

3．多媒体包含哪些基本要素？分别用哪些软件处理？

4．简述多媒体软件的分类。

5．简述多媒体作品设计制作的一般流程。

第 2 章
多媒体素材的获取与编辑

多媒体信息在计算机中的表示有文字、图形、图像、音频、动画、视频6种形式，所以一个多媒体作品往往离不开这6种素材。

学习要点

- 文字、图形、图像、音频、动画、视频素材的获取方式
- 文字、图形、图像、音频、动画、视频的文件类型
- 文字、图形、图像、音频、动画、视频编辑软件
- 文字、图形、图像、音频、动画、视频素材的编辑案例

学习目标

- 了解文字、图形、图像、音频、动画、视频素材的获取方式。
- 熟悉文字、图形、图像、音频、动画、视频的文件类型。
- 了解文字、图形、图像、音频、动画、视频编辑软件，并能对各软件进行比较，在多媒体作品制作过程中灵活选择所需的编辑软件。
- 熟练操作本章中的课堂案例。

2.1　文字素材

2.1.1　文字素材的获取

在多媒体素材中，文字是最简单、最常用的素材，我们可以利用网络和各种编辑软件来获取。下面简述通常情况下文字素材的获取方法。

1. 利用键盘设备直接输入文字

键盘是多媒体计算机最常见的输入设备，在打开文字编辑软件后，切换到自己熟悉的输入方法，即可进行文字的输入。

2. 利用手写输入软件输入文字

随着手写识别技术的日益成熟，手写输入文字越来越多地被用户采用。手写输入之前需要先安装相应的手写输入软件（如百度手写输入法、搜狗手写输入法等），安装完成后即可利用鼠标在打开的"手写板"对话框中进行手写。

3. 利用语音输入设备采集声音转化为文字

通过语音设备采集声音后，再通过相应的软件转化为文字是文本素材收集最方便、最快捷的一种方法，例如讯飞语音输入、百度语音输入等。随着文语转换技术（Text to Speech）的飞速发展，现在的语音输入不仅能识别中英文，而且在处理中文语音的过程中还能识别不同区域的语言。

4. 利用互联网采集文字

互联网上提供了大量的文本素材，在不侵犯版权的情况下，可以将互联网上的文字复制作为文字素材。但值得注意的是如果直接将文字复制下来，则会保留原来的格式，这并不是用户所希望见到的。所以在粘贴时，不能直接粘贴，而应该选择"只保留文本"；或者先把复制的文本粘贴到"记事本"程序中，因为"记事本"能够去掉格式。

2.1.2　文字相关文件的类型

在获取文字素材以后，我们都会对文字素材加以整理和编辑，这就需要用到文本编辑软件。不同的软件会生成不同类型的文件，下面对这些文件类型进行介绍。

1. TXT 文件

TXT（text）文档为纯文本文件，可被所有的文字编辑软件和多媒体集成工具软件直接调用。

2. DOCX 文件

DOCX（document）文档是微软公司开发的 Word 文档编辑软件的专属格式文件，即它主要是利用 Word 软件编辑保存后产生的文件。这种文档除了可以容纳文字以外，还可以容纳图形、图像、表格、图表。但该文件格式属于封闭格式，其兼容性低。

3．PDF 文件

PDF（Portable Document Format）是 Adobe 公司推出的一种与应用程序、操作系统、硬件无关的文件格式。PDF 可以将文字、字形、格式、颜色及独立于设备和分辨率的图形图像等封装在一个文件中。该格式文件还可以包含超文本链接、声音和动态影像等电子信息，支持特长文件，集成度和安全可靠性都较高。

2.1.3 文本编辑阅读软件介绍

文本编辑软件很多，而功能比较强大、最常用、应用最广泛的应属 Word。阅读文本素材的软件应用最广泛的要属 Adobe Reader。下面就对 Word 和 Adobe Reader 分别进行介绍。

1．文本编辑软件——Word

Word 是 Office 的一个重要组件，是一个功能强大的文字编辑软件。利用 Word 提供的表格、图像、图形、公式等对象，可以创建和编排出具有专业水准的文档。

Word 2010 及以上的版本除了提供强大的编辑功能外，还新增了阅读模式，使用户更容易阅读文件。Word 还支持多重触控和手写笔，用户不但可以利用手指触控操作换页、缩放等功能，也可以利用触控和手写笔输入批注等信息。Word 2010 及以上的版本还可以将文档类型保存为 PDF 格式，用户只需要在保存时将"保存类型"改为 PDF 文件类型即可。

2．PDF 阅读器——Adobe Reader

Adobe Reader（也被称为 Acrobat Reader）是美国 Adobe 公司开发的一款优秀的 PDF 文件阅读软件，可以使用它查看、打印和管理 PDF 文件。在 Reader 中打开 PDF 文件后，可以使用多种工具快速查找信息以及对文本进行各种注释。

课堂案例 1 利用 PPT 制作艺术字

多媒体作品中文字素材里的"艺术字"应用最广泛，下面通过一个案例对艺术字的制作进行介绍。在此案例中，我们利用 PowerPoint 2013 来制作艺术字，具体操作如下：

第 2 章课堂案例 1 演示

（1）启动 PowerPoint 2013，新建一个空白文档，并把第一张幻灯片的版式改为"空白"版式。

（2）单击"插入"选项卡"图像"组中的"图片"按钮，插入一张"风景"图片，插入完成后如图 2-1 所示。

（3）单击"插入"选项卡"文本"组中的"文本框"按钮，在"风景"图片上插入文本框并输入"风景"两个字，改变其字号和字体，完成后如图 2-2 所示。

（4）先选中图片，按住 Shift 键的同时单击"风景"两个字，即同时选中"风景"文字，再单击"格式"选项卡"插入形状"组中"合并形状"下的"相交"按钮，完成后如图 2-3 所示。

"图片"按钮

图 2-1　风景图

"文本框"按钮

图 2-2　"风景"字样

"相交"按钮

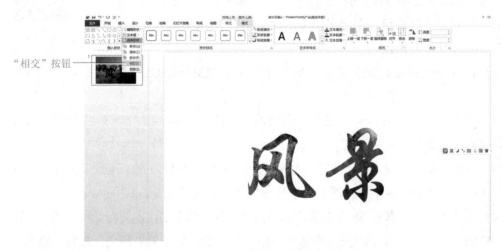

图 2-3　艺术字完成图

2.2 声音素材

2.2.1 声音素材的获取

声音是因物体振动而产生的一种物理现象，它是人类感知自然的重要媒介。在多媒体作品中，声音也是非常重要的素材。下面给出声音的主要获取方式。

1. 录音软件

Windows 系统本身就自带了录音软件，在"开始"菜单"程序"列表的"附件"中便可找到系统自带的"录音机"。用这种软件录制的声音默认保存为 WAV 格式。

2. 音频制作软件

如果想要对一个声音作品追求更加完美的音效，则可以使用音频制作软件来获取音频素材，例如 Cool Edit Pro。

3. 互联网

互联网用户可以根据需求，按音频文件类型、用途、名称或作者进行检索并下载素材，但是需要注意版权问题。

2.2.2 声音文件的类型

声音本身是一种连续的模拟信号，经过采样、量化、编码一系列处理后成为数字信号，即数字音频。数字音频不仅存储方便（可以存储在光盘、U 盘、硬盘等介质上），还可利用计算机软件对其进行编辑、修改。数字音频的文件类型有多种，下面介绍多媒体作品中经常使用的文件类型。

1. WAV

WAV（Wave）是由微软公司开发的最为常见的声音文件，主要用于保存 Windows 平台的音频信息资源，符合 RIFF（Resources Interchange File Format）文件规范。WAV 文件类型支持多种音频位数、采样频率和声道，但缺点是文件较大，所以不适合长时间记录。

2. MP3

MP3（MPEG Audio Layer 3）是以 MPEG Layer3 标准压缩编码的一种有损的压缩音频文件格式，具有很高的压缩率，占用空间小，声音质量高。

3. MID

MID 文件格式由 MIDI（Musical Instrument Digital Interface）继承而来。MID 格式应用最多的是在电脑作曲领域，MID 文件可以用作曲软件写出，也可以通过声卡的 MIDI 口把外接音序器演奏的乐曲输入到电脑里。MID 文件重放的效果完全依赖声卡的档次。

4. WMA

WMA（Windows Media Audio）是微软力推的一种音频格式。WMA 格式是以减少数据流量但保持音质的方法来达到更高的压缩率的目的，其压缩率一般可以达到 1:18，生成的文件大小只有相应 MP3 文件的一半。

5. RA

RA（RealAudio）是 Progressive Networks 公司开发的软件系统，它主要适用于网络上的在线播放。现在的 RealAudio 文件格式主要有 RA（RealAudio）、RM（RealMedia，RealAudio G2）、RMX（RealAudio Secured）3 种，这些文件的共同性在于随着网络带宽的不同而改变声音的质量，在保证大多数人听到流畅声音的前提下，令带宽较宽敞的听众获得较好的音质。

2.2.3 声音编辑软件介绍

1. GoldWave

GoldWave 是一个功能强大的数字音乐编辑器，体积小巧，功能却无比强大，支持许多格式的音频文件，包括 WAV、OGG、VOC、IFF、AIFF、AIFC、AU、SND、MP3、MAT、DWD、SMP、VOX、SDS、AVI、MOV、APE 等。GoldWave 除了具有声音编辑、播放、录制和转换的常用功能外，还具有如下特点：

（1）多文档界面可以同时打开多个文件，简化了文件之间的操作。

（2）编辑较长的音乐时，GoldWave 会自动使用硬盘，而编辑较短的音乐时，GoldWave 就会在速度较快的内存中编辑。

（3）GoldWave 允许使用很多种声音效果，如多普勒（Doppler）、动态（Dynamics）、回声（Echo）、扩展 / 压缩（Expand/Compress）、比率（Ratio）、门限（Threshold）、平滑度（Smoothness）、滤波器（Filter）、镶边（Flange）、颠倒（Invert）、时间弯曲（Timewrap）等。

（4）精密的过滤器（如降噪器和突变过滤器）帮助修复声音文件。

（5）批转换命令可以把一组声音文件转换为不同的格式和类型。该功能可以转换立体声为单声道，转换 8 位声音到 16 位声音，或者转换为文件类型支持的任意属性的组合。如果安装了 MPEG 多媒体数字信号编 / 解码器，还可以把原有的声音文件压缩为 MP3 的格式，在保持出色的声音质量的前提下使声音文件的尺寸缩小为原有尺寸的十分之一左右。

（6）CD 音乐提取工具可以将 CD 音乐拷贝为一个声音文件。为了缩小尺寸，也可以把 CD 音乐直接提取出来并存为 MP3 格式。

（7）表达式求值程序在理论上可以制造任意声音，支持从简单的声调调制到利用复杂的过滤器调制声调。内置的表达式有电话拨号音的声调、波形和效果等。

2. Adobe Audition

Adobe Audition 是一个专业的音频编辑和混合软件，原名为 Cool Edit Pro，被 Adobe 公司收购后改名为 Adobe Audition。

Adobe Audition 除了具备一般音频编辑软件所具有的录制、剪辑、合成和转换功能外，它还具有以下特点：

（1）最多可混合 128 个声道，可编辑单个音频文件，创建回路并可使用 45 种以上的数字信号处理效果。

（2）允许在同一个界面处理多个音频文件，可以在处理的音频文件之间进行剪切、粘贴、合并、重叠声音等操作。

（3）支持多种可选择插件，具有动静音检测和删除、自动节拍查找、录制等功能。

（4）可以生成包括噪声、低音、静音、电话信号等在内的多种声音。

（5）可以提供声音放大、降低噪音、声音压缩、扩展、回声、失真、延迟等特效。

（6）可以在 AIF、AU、MP3、Raw PCM、SAM、VOC、VOX、WAV 等文件格式之间进行转换，并且能够保存为 RealAudio 格式。

（7）能配合 Premiere Pro 编辑音频使用，取消了 MIDI 音序器功能。

课堂案例 2　利用 Adobe Audition 合成音频文件

第 2 章课堂
案例 2 演示

这里通过一个综合案例来让大家熟悉 Adobe Audition 的录音、剪辑、合成、转换等功能。

Audition 提供两个编辑环境：波形视图（ ▦ 波形 ）用于编辑单个音频；多轨视图（ ▦ 多轨 ）用于组合时间轴上的录音并将其混合在一起。

1. 录制音频

（1）启动 Audition 音频编辑软件，如果没有文件打开，单击工具栏中的"波形"按钮（ ▦ 波形 ）创建一个新文件或单击"文件"菜单中的"新建"，选择"音频文件"命令，则会弹出如图 2-4 所示的"新建音频文件"对话框，接着在对话框中输入文件名，选择"采样率""声道""位深度"，最后单击"确定"按钮。

图 2-4　"新建音频文件"对话框

注意

采样率越高、采样的精度位数越多则音频的品质越高，当然文件也就越大。默认采样率为 48000Hz，位深度为"32 位"就具有 CD 的品质了。

（2）单击轨道窗口下方的"录音"按钮开始录音，录音时会在轨道窗口产生如图 2-5 所示的波形图。

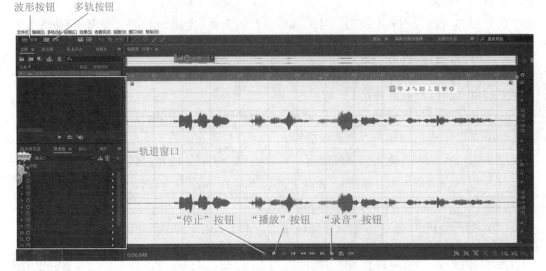

图 2-5　Audition 界面及轨道窗口的波形图

（3）录制完成后，单击轨道窗口下方的"停止"按钮即可；如需播放则单击轨道窗口下方的"播放"按钮。

（4）录制完成后，单击"文件"菜单中的"保存"按钮进行保存，如图 2-6 所示。

图 2-6　保存波形文件示意图

值得注意的是在"格式"选项中可以根据自己的需要选择不同的文件类型。在本案例中，因为要合成的背景音乐是 MP3 类型，所以录音也保存为 MP3 类型。

2. 剪辑音频——为录制的《朗诵》制作背景音乐

（1）在网上下载一首 MP3 格式的音乐且命名为"背景音乐.mp3"。在"波形视图"下单击"文件"菜单中的"打开"命令，在"打开文件"对话框中找到"背景音乐.mp3"文件，单击"打开"按钮，如图 2-7 所示。打开"背景音乐.mp3"文件后的界面如图 2-8 所示。

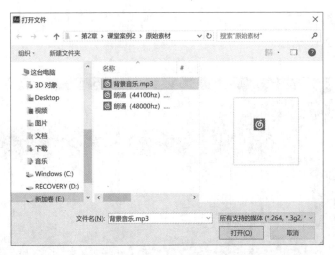

图 2-7 "打开文件"对话框

工具栏

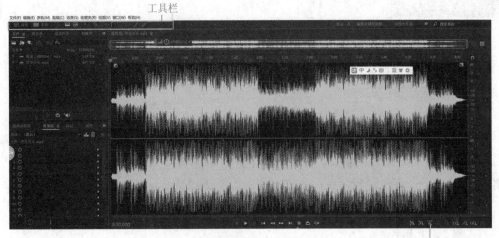

图 2-8 "背景音乐 .mp3"波形图

放大（时间）

（2）单击"放大（时间）"按钮，将波形图时间放大，以便于剪辑，放大后如图 2-9 所示。

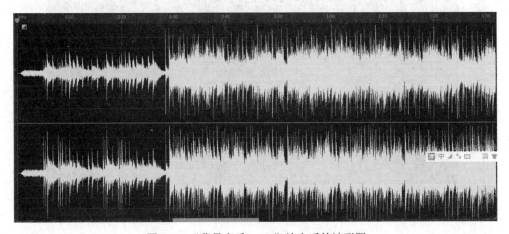

图 2-9 "背景音乐 .mp3"放大后的波形图

（3）在"轨道窗口"中用鼠标拖动的方式选中需要剪辑的波形图，选中的波形呈反白色显示，如图 2-10 所示。

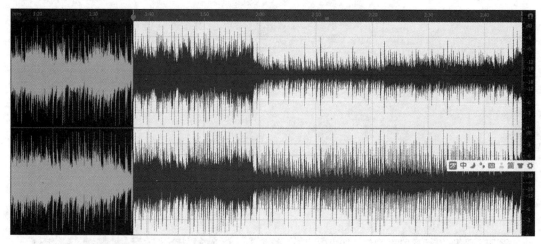

图 2-10　选中的波形呈反白色

（4）利用"编辑"菜单中的"删除""复制""剪切""粘贴"命令对选中的波形进行剪辑，剪辑完成后进行保存。

3. 合成音频—— 将《朗诵》与背景音乐合成

（1）单击工具栏中的"多轨视图"按钮（ 🔳 多轨 ），弹出"新建多轨会话"对话框，如图 2-11 所示；确定文件的位置，输入合成音频项目名，确定采样率、位深度等，单击"确定按钮，新建一个多轨音频项目，新建完成后如图 2-12 所示。

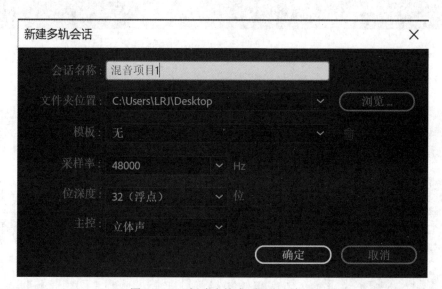

图 2-11　"新建多轨会话"对话框

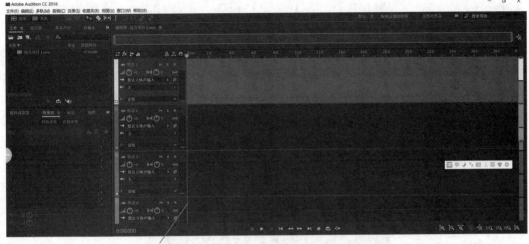

时间轴　　　　　图 2-12　多轨视图

（2）单击"文件"→"导入"→"文件"命令，打开"导入"对话框，将"背景音乐 .mp3"和"朗诵 .mp3"打开。

（3）先拖动红色的"时间轴"确定放置"波形图"的位置，然后将"文件"选项卡名称列表框中的"背景音乐 .mp3"拖到"轨道 1"中去，用同样的方法将"朗诵 .mp3"拖到"轨道 2"中去，完成后的界面如图 2-13 所示。

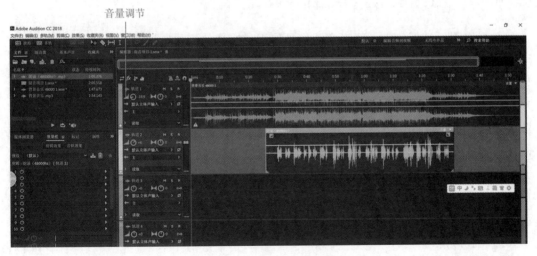

图 2-13　波形文件合成图

（4）单击"轨道 1"的"音量"调节按钮（），将音量调低；单击"轨道 2"的"音量"调节按钮（），将音量调高。

（5）单击"文件"→"导出"→"多轨混音"→"整个会话"命令，弹出"导出多轨混音"对话框，如图 2-14 所示；输入文件名，选择保存的位置和格式等，最后单击"确定"按钮。

图 2-14 "导出多轨混音"对话框

2.3 图形和图像素材

2.3.1 图形和图像素材的获取

在多媒体作品创作中，图形和图像是使用最广泛的素材，通常把图像称为"位图"，它是通过图像获取设备获得现实景物 / 对象的映像，用一格一格的小点即像素来描述；图形称为"矢量图"，它由矢量绘图 / 设计软件以交互方式制作而成，用线段和曲线描述。下面给出图形图像的常见获取方式。

1. 利用扫描仪获取

扫描仪能够将已有的纸制图片通过扫描的方式存储到计算机中，在扫描的过程中图片将被转换为位图图像。扫描图像时先把扫描仪接口插入主机相应的接口上，并安装相应的驱动程序；把需要扫描的纸制图像放到扫描仪中后双击桌面上的"计算机"图标，找到"扫描仪"图标并双击；最后在出现的扫描界面中单击"扫描"按钮。

2. 利用高拍仪获取

高拍仪和扫描仪获取图片的原理一样。高拍仪具有扫描速度快、操作简单、实时保存等特点，因此广泛应用于银行、证券、学校、地税局、房管局等大批量获取图片的单位。通过高拍仪获取的图片在品质上会低于扫描仪扫描出的图片。

3. 利用截屏软件获取

用户可以利用 HyperSnap-DX 或 PicPick 等截屏软件对屏幕进行截图。

4. 利用数码相机获取

随着数码相机的普及，用户可以利用数码相机获取位图图像，但这种图像的质量受到器材本身和用户技术的限制，所以常用于专业多媒体行业，如影视制作、广告制作和网站制作等行业。

5. 利用互联网获取

互联网上的图片素材是最丰富的，用户可以根据不同的主题搜索到自己需要的图片素材。只需右击目标图片，在弹出的快捷菜单中选择"图片另存为"命令即可保存图片。

6. 利用图形图像软件获取

在图形的获取上用户可以利用 Adobe Illustrator、CorelDRAW 等软件，在图像的获取上用户可以利用 Adobe Photoshop 等软件。

2.3.2 图形和图像文件的类型

了解不同的图形图像文件的特点是为了在多媒体作品制作过程中可根据文件大小、特点选择所需的图形图像素材。下面介绍图形图像文件的类型。

1. BMP

BMP（Bitmap）图像即通常所说的位图，是 Windows 系统中最常见的图像格式，采用位映射存储格式，除了图像深度可选以外，不进行任何压缩，因此 BMP 文件所占用的空间很大。BMP 文件的图像深度可选为 1 位、4 位、8 位、24 位。

2. GIF

GIF（Graphics Interchange Format）的原义是"图像互换格式"，它是 CompuServe 公司在 1987 年开发的图像文件格式。GIF 文件的数据是一种基于 LZW 算法的连续色调的无损压缩格式，其压缩率一般在 50% 左右，它不属于任何应用程序，目前几乎所有的相关软件都支持，公共领域有大量的软件使用 GIF 图像文件。GIF 格式的另一个特点是在一个 GIF 文件中可以存多幅彩色图像，如果把存于一个文件中的多幅图像数据逐幅读出并显示到屏幕上，就可构成一种最简单的动画。

3. JPEG

JPEG 是 Joint Photographic Experts Group（联合图像专家组）的缩写，文件扩展名为 .jpg 或 .jpeg。JPEG 是 ISO（国际标准化组织）和 CCITT（国际电报电话资讯委员会）建立的第一个数字图像压缩国际标准，也是至今应用最广的图像压缩标准。JPEG 压缩技术采用有损压缩的方式去除冗余的图像数据，在获得极高的压缩率的同时能展现十分丰富的图像，换句话说，就是可以用最少的磁盘空间得到最好的图像品质。JPEG 也具有调节图像质量的功能，允许用不同的压缩比对文件进行压缩，支持多种压缩级别，压缩比通常在 10:1 ～ 40:1 之间，压缩比越大，品质就越低；相反，压缩比越小，品质就越高。JPEG 图像占用较小的存储空间，很适合应用在网页图像中。JPEG 格式的图像压缩的主要是高频信息，对色彩的信息保留较好，因此也普遍应用于需要连续色调的图像中。

4. PNG

PNG 是 Portable Network Graphics（便携式网络图像格式）的缩写，是一种网络图像格式。PNG 具有以下 4 个特点：① PNG 是目前能保证图像最不失真的格式，它汲取了 GIF 和 JPG 两者的优点，存储形式丰富，还兼有 GIF 和 JPG 的色彩模式；② PNG 能把图像文件压缩到极限以利于网络传输，但又能保留所有与图像品质有关的信息，因为 PNG 是采用无损压缩方式来减小文件大小的，这一点与以牺牲图像品质换取高压缩率的 JPG 有所不同；③ PNG 显示速度很快，只需下载 1/64 的图像信息就可以显示出低分辨率的预览图像；④ PNG 同样支持透明图像的制作，透明图像在制作网页图像时很有用，我们可以把图像背景设为透明，用网页本身的颜色信息来代替设为透明的色彩，这样可以使图像和网页背景很和谐地融合在一起。

5. TIFF

TIFF 是 Tagged Image File Format（标记图像文件格式）的缩写，是由 Aldus 和微软公司为桌上出版系统研制开发的一种较为通用的图像文件格式，其扩展名为 .tif。它是一种非失真的压缩格式（最高也只能达到 2 ～ 3 倍的压缩比），能保持原有图像的颜色及层次，但占用空间较大。一个 200 万像素的图像要占用 6MB 左右的存储容量，故 TIFF 常被应用于较专业的领域，如书籍出版、海报制作等，极少应用在互联网上。

6. RAW

RAW（Raw Image Format）的原意就是指未经加工的图像格式，是 CMOS 或者 CCD 图像感应器将捕捉到的光源信号转化为数字信号的原始数据。RAW 文件记录了数码相机传感器的原始信息，同时记录了由相机拍摄所产生的一些元数据（Metadata，如 ISO 的设置、快门速度、光圈值、白平衡等）的文件。RAW 是未经处理、压缩的格式，摄影师能够通过后期处理最大限度地发挥自己的艺术才华。

7. TGA

TGA（Tagged Graphics，标记图像格式）是由美国 TrueVision 公司为其显卡开发的一种图像文件格式，其文件的扩展名为 .tga。TGA 结构比较简单，属于一种图形、图像数据的通用格式，在多媒体领域产生了很大的影响，是计算机生成图像向电视转换的一种首选格式。TGA 图像格式最大的特点是可以做出不规则形状的图形图像文件，一般图形图像文件都为四方形，若需要有圆形、菱形甚至是镂空的图像文件时，TGA 就派上用场了。该格式支持压缩，使用不失真的压缩算法，可以带通道图，另外还支持行程编码压缩。

8. PSD

PSD（Photoshop Document）是 Adobe 公司的图像处理软件 Photoshop 的专用格式。PSD 其实是 Photoshop 进行平面设计的一张"草稿图"，它里面包含有图层、通道、遮罩等多种设计的样稿，以便于下次打开文件时可以直接修改上一次的设计。在 Photoshop 所支持的各种图像格式中，PSD 的存取速度比其他格式快很多，功能也强大得多。

9. CDR

CDR 是 CorelDRAW 应用程序中能够使用的一种图形图像文件格式。该文件主要应用于商标设计、标志制作、模型绘制、插图描画、排版及分色输出等领域。

2.3.3 图形和图像处理软件介绍

1. 图像处理软件——Adobe Photoshop

Adobe Photoshop 简称"PS"，是由 Adobe Systems 开发和发行的图像处理软件。Photoshop 主要处理以像素构成的数字图像。它提供众多的编修与绘图工具，可以有效地进行图片编辑工作。Photoshop 有很多功能，在图像、图形、文字、视频、出版等方面都有涉及。Photoshop 的主要应用如下：

（1）平面设计。这是 Photoshop 应用最为广泛的领域，无论是我们正在阅读的图书封面，还是大街上看到的招帖、海报等这些具有丰富图像的平面印刷品，基本上都需要 Photoshop 软件进行图像处理。

（2）修复照片。Photoshop 具有强大的图像修饰等功能，利用这些功能，可以快速修复一张破损的老照片，也可以修复人脸上的斑点等缺陷。随着数码电子产品的普及，图形图像处理技术逐渐被越来越多的人所应用，如美化照片、制作个性化的影集、修复已经损毁的图片等。

（3）广告摄影。广告摄影作为一种对视觉要求非常严格的工作，其最终成品往往要经过 Photoshop 的修饰才能得到满意的效果。广告的构思与表现形式是密切相关的，好的构思需要通过软件完成，大多数的广告是通过图像合成与特效技术来完成的，通过这些技术手段可以更加准确地表达出广告的主题。

（4）包装设计。包装作为产品的第一形象是最先展现在顾客的眼前的，因此也被称为"无声的销售员"。顾客只有在被产品包装吸引并进行查阅后，才会决定是否购买，可见包装设计是非常重要的。图像合成和特效的运用可以使得产品在琳琅满目的货架上脱颖而出，达到吸引顾客的效果。

（5）插画设计。Photoshop 使很多人开始采用电脑图形设计工具创作插图。使用电脑图形软件，他们的创作才能得到了更大的发挥，无论简洁还是繁复，无论传统媒介效果，如油画、水彩、版画风格，还是数字图形无穷无尽的新变化、新趣味，都可以更方便、更快捷地完成。

（6）影像创意。影像创意是 Photoshop 的特长，通过 Photoshop 的处理可以将原本风马牛不相及的对象组合在一起，也可以使用"狸猫换太子"的手段使图像发生翻天覆地的变化。

（7）艺术文字。当文字遇到 Photoshop 就注定不再普通。利用 Photoshop 可以使文字发生各种各样的变化，并利用这些艺术化处理后的文字为图像增加效果。利用 Photoshop 对文字进行创意设计，可以使文字变得更加美观，个性极强，感染力大大加强。

（8）动画制作。利用 Photoshop 可以制作出简单的二维动画，例如小球弹跳、树叶的飘落，还可以制作一些动态的文字效果，例如霓虹灯招牌、LED 文字动画效果等。

（9）网页制作。网页中的元素有很多（如 Banner 条、文本框、文字、版权、Logo、广告等），这些元素可以利用 Photoshop 中不同的图层来处理，这样方便以后进行再编辑。

当图层较多时还可以建立多个图层组来进行管理，在建立组名时可依照 CSS 对版块的布局名称来命名，如头部文件可建立一个 Header 组。

2. 图形处理软件——Adobe Illustrator

Illustrator 是 Adobe 公司推出的基于矢量的图形制作软件，广泛应用于印刷出版、海报书籍排版、专业插画、多媒体图像处理和互联网页面制作等领域。该软件具有如下特点：

（1）提供丰富的矢量图形工具。Illustrator 是一款专业的图形设计软件，具有丰富的像素描绘功能以及顺畅灵活的矢量图编辑功能，能够快速创建设计工作流程。借助 Expression Design 可以为屏幕、网页或打印产品创建复杂的设计和图形元素。它还提供了一些相当典型的矢量图形工具，如三维原型（primitives）、多边形（polygons）和样条曲线（splines），一些常见的操作在这里都能被发现。

（2）特别的界面。其外观颜色不同于 Adobe 的其他产品，界面的外观具有黑灰色或亮灰色外观，这种外观上的改变或许是 Adobe 故意为之，意在告诉用户这是一个新产品，而不是原产品的改进版。

（3）贝赛尔曲线的使用。Adobe Illustrator 最大的特征在于贝赛尔曲线的使用，它使得操作简单、功能强大的矢量绘图成为可能。

第 2 章课堂案例 3 演示

课堂案例 3　Photoshop 文件类型介绍

图片获取最常用的方法有互联网下载、手机拍摄、专业的数码相机拍摄，前面两种方法获取的图片基本都为".JPG"格式，这种文件是采用 JPEG 压缩技术，使图像占用较小的存储空间；专业的数码相机拍摄获取的图片是 .RAW 格式。

对于 .JPG 格式的文件，Photoshop 可以直接利用"文件"→"打开"命令将其打开进行编辑，如图 2-15 所示。

图 2-15　用 Photoshop 打开 JPG 文件

当利用 Photoshop 编辑后，对其进行存储时，为了记录其编辑的过程（如各种图层、通道、遮罩等），以便下次直接修改，需使用系统默认的文件保存类型 .PSD，如图 2-16 所示。

图 2-16 Photoshop 编辑后存储文件的默认格式

如果用于网格中则可以保存为 .JPG 格式，用于印刷海报则可以保存为 .TIFF 格式，只需要在"另存为"对话框的"保存类型"中进行选择即可，如图 2-17 所示。

保存类型(T):	Photoshop (*.PSD;*.PDD)
	Photoshop (*.PSD;*.PDD)
	大型文档格式 (*.PSB)
	BMP (*.BMP;*.RLE;*.DIB)
	CompuServe GIF (*.GIF)
	Dicom (*.DCM;*.DC3;*.DIC)
	Photoshop EPS (*.EPS)
	Photoshop DCS 1.0 (*.EPS)
	Photoshop DCS 2.0 (*.EPS)
	IFF 格式 (*.IFF;*.TDI)
	JPEG (*.JPG;*.JPEG;*.JPE)
	JPEG 2000 (*.JPF;*.JPX;*.JP2;*.J2C;*.J2K;*.JPC)
	JPEG 立体 (*.JPS)
	PCX (*.PCX)
	Photoshop PDF (*.PDF;*.PDP)
	Photoshop Raw (*.RAW)
	Pixar (*.PXR)
	PNG (*.PNG;*.PNS)
	Portable Bit Map (*.PBM;*.PGM;*.PPM;*.PNM;*.PFM;*.PAM)
	Scitex CT (*.SCT)
	Targa (*.TGA;*.VDA;*.ICB;*.VST)
	TIFF (*.TIF;*.TIFF)
	多图片格式 (*.MPO)

图 2-17 Photoshop 编辑后存储的其他格式

.RAW 格式的文件在 Photoshop CC 2019 的版本中可以直接打开，而如 Photoshop CC 2015、Photoshop CS6 等版本中则需要安装插件（ CameraRaw_11_4.exe，可在 Adobe 官网下载）。使用该插件在 Photoshop 中打开 RAW 格式文件的界面如图 2-18 所示。

图 2-18　在 Photoshop 中打开 .RAW 格式

在此插件中可以对图片进行调光，也可以直接打开图像，进入 Photoshop 直接编辑。

2.4　视频素材

2.4.1　视频素材的获取

视频是一系列图像（帧）在时间上连续的表示。在多媒体作品的创作中，视频是一种集文字、图像、声音、动画为一体的素材。用户可以通过数码相机或手机拍摄，也可以使用 Hyper Cam、Screen Recorder 等视频捕捉软件捕捉，还可以通过互联网下载等方式获取视频素材，然后通过视频制作软件编辑以满足其需求。

2.4.2　视频文件的类型

不论通过哪种方式获取视频素材，用户必须对视频的文件类型有所了解。

1. AVI

最初 AVI（Audio Video Interactive）是由微软公司开发的，把视频和音频编码混合在一起存储的一种视频文件。AVI 也是最长寿的格式，已存在十余年了，虽然发布过改版

（V2.0 于 1996 年发布），但已显老态。AVI 格式的限制比较多，只能有一个视频轨道和一个音频轨道（现在有非标准插件可加入最多两个音频轨道），但可以有一些附加轨道，如文字等。AVI 格式不提供任何控制功能，其扩展名为 .avi。

2. WMV

WMV（Windows Media Video）是微软公司开发的一组数位视频编码、解码格式的统称，ASF（Advanced Systems Format）是其封装格式。ASF 封装的 WMV 文档具有"数位版权保护"功能，其扩展名为 .wmv 或 .asf。

3. MPEG

MPEG（Moving Picture Experts Group）是国际标准化组织（ISO）认可的媒体封装形式，受到大部分机器的支持，其存储方式多样（MPEG-1、MPEG-2 等），可以适应不同的应用环境。MPEG 的控制功能丰富，可以有多个视频（即角度）、音轨、字幕（位图字幕）等。MPEG 的一个简化版本 3GP 还广泛应用于准 3G 手机上，其扩展名为 .dat（用于 DVD）或 .vob、.mpg、.mpeg、.3gp、.3g2（用于手机）等。

4. DivX/xvid

DivX 是一种由 DivX 公司开发的，将影片的音频由 MP3 压缩、视频由 MPEG-4 技术压缩，最后将这两部分合成的视频文件。由于 MP3 和 MPEG-4 超强的压缩功能，使得影片的容量急剧减少，可以将一部 2G 大小的 DVD 影片压缩到一片 650M 的 CD-R 上。DivX 文件虽小，但图像质量并不低，用户可通过 DSL 或 Cable Modem 等宽带设备欣赏到全屏的高质量数字电影。

5. MKV

MKV（Matroska）是一种多媒体封装格式，它可将多种不同编码的视频及 16 位以上不同格式的音频和不同语言的字幕封装到一个 Matroska 媒体文件当中，同时还可以提供良好的交互功能，比 MPEG 更方便、强大，其扩展名为 .mkv。

6. RM / RMVB

RM（Real Media）是 Real Networks 公司开发的多媒体数字容器格式，而 RMVB（Real Media Variable Bit Rate）则是 RM 的可变比特率（VBR）扩展版本。它通常只能容纳 Real Video 和 Real Audio 编码的媒体，带有一定的交互功能，允许编写脚本以控制播放。RM，尤其是可变比特率的 RMVB 格式，体积很小，非常受网络下载者的欢迎，其扩展名为 .rm 或 .rmvb。

7. MOV

MOV（Movie）是由苹果公司开发的一种音频、视频文件格式。由于苹果电脑在专业图形领域的统治地位，QuickTime 格式基本上成为电影制作行业的通用格式。1998 年 2 月 11 日，国际标准组织认可 QuickTime 文件格式作为 MPEG-4 标准的基础。QuickTime 可存储的内容相当丰富，除了视频、音频以外还支持图片、文字（文本字幕）等，其扩展名为 .mov。

2.4.3 常用视频制作软件介绍

完成视频采集后，用户可以利用视频制作软件把视频素材编辑成符合自己需要的作品。那么，市场上都有哪些常用的视频编辑软件呢？你了解它们的特点吗？又应该如何选择呢？

1. Adobe Premiere

Premiere 是 Adobe 公司推出的基于非线性编辑设备的视频编辑软件，现在被广泛地应用于电视、广告、电影等领域，成为 PC 和 MAC 平台上应用最为广泛的视频编辑软件。

Premiere 6.0 完美地解决了 DV 数字化影像和网页的编辑问题，为 Windows 平台和其他跨平台的 DV 及所有网页影像提供了全新的支持。同时它可以与其他 Adobe 软件紧密集成，组成完整的视频设计方案。新增的 Edit Original（编辑原稿）命令可以再次编辑置入的图形或图像。另外在 Premiere 6.0 中，首次加入了关键帧的概念，用户可以在轨道中添加、移动、删除和编辑关键帧，对控制高级的二维动画来说事半功倍。若将 Premiere 6.0 与 Adobe 公司的 After Effects 5 配合使用，则能发挥最大效能。

2. Adobe After Effects

Adobe After Effects 简称 AE，是 Adobe 公司推出的一款图形视频处理软件，适用于从事设计和视频特技的机构，包括电视台、动画制作公司、个人后期制作工作室、多媒体工作室。

Adobe After Effects 软件可以帮助用户高效且精确地创建无数种引人注目的动态图形和震撼人心的视觉效果。将 AE 与其他 Adobe 软件紧密集成和进行高度灵活的 2D 和 3D 合成，再加上它本身数百种预设的效果和动画，可以为电影、视频、DVD 和 Macromedia Flash 作品添加令人耳目一新的效果。

Adobe After Effects 的主要特点如下：

（1）强大的路径。就像在纸上画草图一样，使用 Motion Sketch 可以轻松绘制动画路径或者加入动画模糊。

（2）强大的特技控制。After Effects 使用多达几百种的插件来修饰图像效果和增强动画控制。

（3）多层剪辑。无限层电影和静态画技术使 After Effects 可以实现电影和静态画面的无缝合成。

（4）高效的关键帧编辑。After Effects 中的关键帧支持具有所有层属性的动画，After Effects 可以自动处理关键帧之间的变化。

（5）无与伦比的准确性。After Effects 可以精确到一个像素点的千分之六，可以准确地定位动画。

（6）高效的渲染效果。After Effects 可以执行一个合成在不同尺寸大小上的多种渲染，或者执行一组任意数量的不同合成的渲染。

3. Ulead Video Studio

Ulead Video Studio（会声会影）是完全针对家庭娱乐、个人纪录片制作的简便型编辑视频软件，它采用目前最流行的"在线操作指南"的步骤引导方式来处理各个视频、图像素材，分为开始、捕获、故事板、效果、覆叠、标题、音频和完成八大步骤，并将操作方法与相关的注意事项配合，以帮助读者快速学习每一个流程的操作方法。

会声会影提供了 12 类 114 个转场效果，可以用拖曳的方式进行应用，另外还具有在影片中加入字幕、旁白或动态标题的文字功能。会声会影的输出方式也多种多样，它可以输出传统的多媒体电影文件，例如 AVI、FLC 动画、MPEG 电影文件；可将制作完成的视频嵌入贺卡，生成一个可执行文件（.exe）；可通过内置的 Internet 发送功能将视频通过电子邮件发送出去或者自动将它作为网页发布。如果用户有相关的视频捕获卡，还可以将 MPEG 电影文件转录到家用录像带上。

用会声会影可以制作新奇有趣的视频影片，从而保留珍贵的回忆，其多样化的输出形式更可将人们的欢乐时光快速地传递给亲朋好友，是一套普通计算机用户可以使用的视频软件。

课堂案例 4　视频文件格式转换

第 2 章课堂
案例 4 演示

由于不同的播放器支持不同的视频文件格式，或者计算机中缺少相应格式的解码器，或者一些外部播放装置（如手机、MP4 等）只能播放固定的格式，因此就会出现视频无法播放的现象。在这种情况下就要使用格式转换器软件来弥补这一缺陷。利用"格式工厂"软件进行视频文件格式转换的具体步骤如下：

（1）双击打开"格式工厂"程序，打开后的界面如图 2-19 所示。

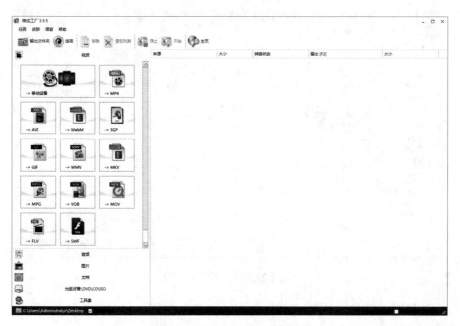

图 2-19　"格式工厂"的主界面

（2）在左边的类型导航栏中单击"视频"按钮█，即会把"视频"要转换的格式显示出来。

（3）单击选择要转换的格式（如 MP4），弹出如图 2-20 所示的对话框。

图 2-20　MP4 设置对话框

（4）单击"添加文件"按钮████，弹出如图 2-21 所示的对话框。

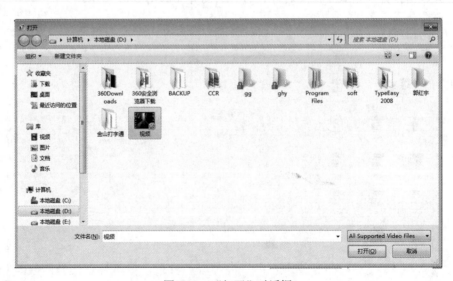

图 2-21　"打开"对话框

（5）选择需要转换的视频文件，单击"打开"按钮，将要转换的视频文件添加到
MP4 设置对话框中，添加完成后如图 2-22 所示。

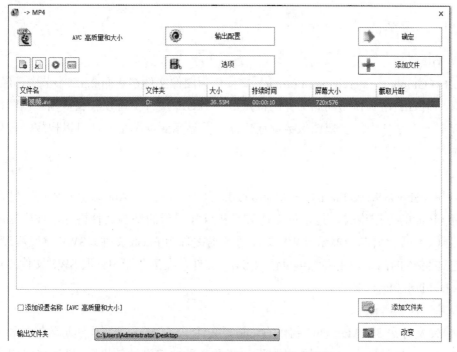

图 2-22 添加文件后的 MP4 设置对话框

（6）在"输出文件夹"下拉列表框中选择文件存储的位置，可单击"改变"按钮进行改变。

（7）单击"确定"按钮回到"格式工厂"的主界面。

（8）单击"开始"按钮即可开始转换。

"格式工厂"软件不仅可以对视频进行格式转换，还可以对声音、图像进行格式转换，具体步骤和视频格式转换大同小异，只要在主界面左边的类型导航栏中选择不同的类型即可。

2.5　动画素材

2.5.1　动画素材的获取

动画和视频一样，都是利用人类视觉的暂留特性将多幅静止画面连续播放。只要将动画或视频的画面刷新率设置为每秒 24 幅左右，人眼看到的就是连续的画面。动画和视频的不同之处在于动画是用软件制作而成的，二维动画主要是用 Flash 软件，三维动画主要是用 3ds Max、Maya 软件；视频主要是用外部设备如摄像机等获取，再通过视频编辑软件编辑而成的。另外在互联网中也有大量的动画素材，在不侵犯版权的情况下下载采集动画素材的方法是最常用的。

2.5.2 动画文件的类型

1. GIF

GIF（Graphics Interchange Format）文件作为图像文件在前面 2.3.2 小节中已经介绍，在此只介绍 GIF 格式作为动画文件的特点：一个 GIF 文件中可以存储多幅彩色图像，如果把存于一个文件中的多幅图像数据逐幅读出并显示到屏幕上，就可以构成一种最简单的动画。

2. SWF

SWF（Shock Wave Flash）是 Macromedia 公司（现已被 Adobe 公司收购）的动画设计软件 Flash 的专用格式，是一种支持矢量和点阵图形的动画文件格式，被广泛应用于网页设计、动画制作等领域，SWF 文件通常也被称为 Flash 文件。SWF 普及程度很高，现在超过 99% 的网络使用者都可以读取 SWF 文件，在浏览器中读取 SWF 文件时需要安装 Adobe Flash Player 插件。

3. MAX

MAX 文件是 3ds Max 软件制作的动画源文件。3ds Max 是制作建筑效果图和动画的专业工具，无论是室内建筑装饰效果图，还是室外建筑设计效果图，3ds Max 强大的功能和灵活性都是实现创造力的最佳选择。

2.5.3 常用动画制作软件介绍

1. Flash

Flash 是一款非常优秀的矢量动画制作软件，它以流式控制技术和矢量技术为核心，制作的动画具有短小精悍的特点，所以被广泛应用于网页动画的设计中。设计人员和开发人员可以使用 Flash 工具创建原始图形或者从其他 Adobe 应用程序（如 Photoshop 或 Illustrator）导入媒体元素（图片、声音和其他特殊效果）快速设计出动画，也可以使用它来创建演示文稿、应用程序和其他允许用户交互的内容。

Flash 动画主要是利用遮罩、补间动画、逐帧动画等技术对元素进行不同的组合，从而制作出千变万化的效果。

2. Maya

Maya 是美国 Autodesk 公司出品的世界顶级的三维动画软件，应用对象是专业的影视广告、角色动画、电影特技等。Maya 功能完善，工作灵活，易学易用，制作效率极高，渲染真实感极强，是电影级别的高端制作软件。Maya 售价高昂，声名显赫，是动画制作者梦寐以求的制作工具，掌握了 Maya 会极大地提高动画制作效率和品质，调节出仿真的角色动画，渲染出电影一般的真实效果，向世界顶级动画师迈进。

Maya 集成了 Alias/Wavefront 公司（后来被 Autodesk 公司收购）最先进的动画及数字效果技术，可在 Windows NT 与 SGI IRIX 操作系统上运行。它不仅包括一般三维和视觉效果制作的功能，而且还与最先进的建模、数字化布料模拟、毛发渲染、运动匹配技术相结合，目前市场上主要用于数字和三维动画的制作。

3. 3ds Max

3ds Max 是由美国 Autodesk 公司出品的一款基于 PC 系统的三维动画制作和渲染软件，它也是目前国内最主流的三维动画软件之一，主要用于建筑设计、三维动画、影视制作等方面各种静态、动态场景的模拟制作。3ds Max 软件的主要特点如下：

（1）建模。3ds Max 采用主流的 ploygon 和 NURBS 建模方法，命令执行菜单非常简洁，可以随时修改，并具有自动保存功能。

（2）材质。3ds Max 独有的材质球系统通过材质通道叠加各种贴图类型来实现，凹凸方面则通过置换实现。

（3）灯光。3ds Max 的全局灯光设计比较多，涉及环境的方方面面，灯光参数相对复杂，很多时候靠渲染器来实现光发散的效果。

（4）渲染。3ds Max 提供了与高级渲染器连接的功能，并且它的 VRay 插件强大，渲染出来的效果非常理想。

（5）动画。3ds Max 以逐行帧和关键帧来进行动画创作，其曲线编辑器能方便地观察动画结点的位置，操作极易上手。

第 2 章课堂
案例 5 演示

课堂案例 5　利用 Photoshop 制作 GIF 动画

在多媒体作品中，可能经常用到一些 GIF 动画。制作 GIF 动画的软件很多，在本次课堂实验中利用 Adobe Photoshop 软件来制作一个简单的小熊跑步的动画，具体操作步骤如下：

（1）启动 Photoshop，单击"文件"→"脚本"→"将文件载入堆栈"命令，打开"载入图层"对话框，如图 2-23 所示。

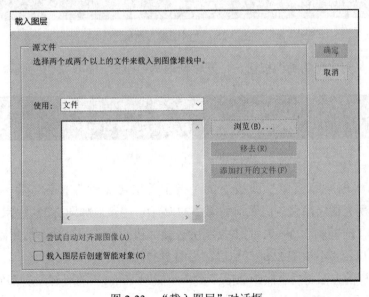

图 2-23　"载入图层"对话框

（2）单击"浏览"按钮，在"打开"对话框中选中"小熊跑1.jpg"至"小熊跑10.jpg"10个文件，单击"确定"按钮，将这10个文件导入"载入图层"对话框，如图2-24所示。单击"确定"按钮，将10个文件导入图层中。

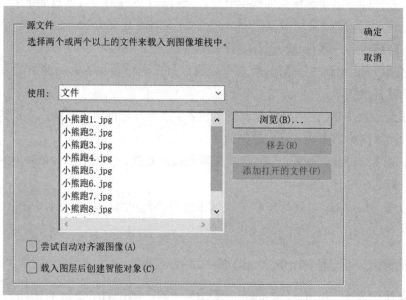

图2-24   "载入图层"对话框

（3）单击"窗口"菜单中的"时间轴"命令，打开"时间轴"面板，如图2-25所示。

图2-25   "时间轴"面板

（4）单击"创建帧动画"按钮，打开"帧动画"面板，如图2-26所示。

图2-26   "帧动画"面板

（5）单击"图层缩略图"面板中的"指示图层可见性"按钮，将除了"小熊跑1.jpg"之外的所有图层隐藏。隐藏前如图2-27所示，隐藏后如图2-28所示。

（6）单击"时间轴"面板中的"复制所选帧"按钮新建一个帧，然后隐藏"小熊跑1.jpg"图层，显示"小熊跑2.jpg"图层，如图2-29所示。

（7）用同样的方法将"小熊跑2.jpg"到"小熊跑10.jpg"的所有图层都放到新建的帧中，完成后如图2-30所示。

指示图层
可见按钮

图 2-27　隐藏图层前

图层缩略图

图 2-28　隐藏图层后

"复制所选帧"按钮

图 2-29　"时间轴"面板（1）

选择帧延迟时间

图 2-30　"时间轴"面板（2）

（8）在"时间轴"面板中选择帧延迟时间，将所有帧的时间都设置为"延迟 0.5 秒"，选择完成后如图 2-31 所示。

播放按钮

图 2-31　"时间轴"面板（3）

（9）单击"时间轴"面板中的"播放"按钮，观看效果。

（10）选择"文件"→"导出"→"存储为 Web 所用格式"，在弹出的对话框中设置优化的文件格式为 GIF，"循环选项"设置为"永远"，单击"存储"按钮选择存储路径，最后单击"完成"按钮即可导出 GIF 动画文件。

习题与思考

一、选择题

1. 用 Photoshop 加工图像时，（　　）图像格式可以保存所有编辑信息。
   A. BMP　　　　　B. GIF　　　　　C. TIF　　　　　D. PSD

2. 下列文件类型中，（　　）是音频格式。
   A. WAV　　　　　B. MP4　　　　　C. BMP　　　　　D. JPG

3. 下列软件中，属于视频编辑软件的是（　　）。
   A. Video For Windows　　　　　B. QuickTime
   C. Adobe Premiere　　　　　D. Photoshop

4. 下列采集的波形声音，（　　）的质量最好。
   A. 单声道、8 位量化、22.05kHz 采样频率
   B. 双声道、8 位量化、44.1kHz 采样频率
   C. 单声道、16 位量化、22.05kHz 采样频率
   D. 双声道、16 位量化、44.1kHz 采样频率

5. 下列格式中，（　　）是 Windows 的通用声音格式。
   A. WAV　　　　　B. MP3　　　　　C. BMP　　　　　D. CAD

6. 下列格式中，（　　）图像格式压缩比最大。
   A. TIF　　　　　B. JPG　　　　　C. PSD　　　　　D. BMP

7. 动画和电影的制作利用了人眼的视觉暂留特性，如果动画或电影的画面刷新率为每秒（　　）幅左右，则人眼看到的就是连续的画面。
   A. 24　　　　　B. 12　　　　　C. 不确定　　　　　D. 6

8. 以下关于视频文件格式的说法中错误的是（　　）。
   A. RM 文件是 RealNetworks 公司开发的流式视频文件
   B. MPEG 文件格式是运动图像压缩算法的国际标准格式
   C. MOV 文件不是视频文件
   D. AVI 文件是微软公司开发的一种数字音频与视频文件

9. 将录音带上的模拟信号节目存入计算机，使用的设备是（　　）。
   A. 声卡　　　　　B. 网卡　　　　　C. 显卡　　　　　D. 光驱

二、思考题

1. 文本编辑软件除了 Word 还有哪些？请列举出两款软件并进行比较。

2. 获取图像素材的方式有哪几种？

3. 常见的声音文件类型有哪些？它们有哪些特点？

三、操作题

1．利用 Audition 录制一段 MP3 文件，并在这段声音中插入一段从网上下载的其他音乐，最后以 MP3 的格式保存在磁盘中。

2．利用"格式工厂"软件将"格式转换作业 .acc"音频文件转换成 MP3 文件，转换时需要把采样频率改为 441000MHz。

3．利用 Photoshop 打开"树叶 .JPG"文件，并将其中的红色文字（百度提供）去掉，最后做出树叶飘落的 GIF 动画并保存在磁盘中。

第 3 章
图像处理技术

图像处理的对象是数字图像，即用数码相机、扫描仪等设备经过采样和数字化得到的能够在计算机中存储的图像。图像处理的过程就是用计算机技术对数字化图像进行操作，如改变图像形态或尺寸、调整色彩、编辑、转换文件格式等，以达到所需结果，被广泛地应用于多媒体产品制作、平面广告设计、教育教学等领域。

随着多媒体和通信技术的迅速发展，计算机数字图像处理技术也有了更大的进步，除了常规的图像处理以外，还可以对图像数据进行压缩，提供印刷模式的文件格式，生成用于各种场合的图像格式，甚至创造出自然界中没有的图像形态。

学习要点

- 图形和图像的概念与区别
- 图像的技术参数
- 图像处理软件 Photoshop 在数码照片处理中的应用

学习目标

- 理解图形与图像的区别。
- 理解 Photoshop 图层的概念。
- 掌握 Photoshop 进行数码照片的后期处理的基本操作。
- 掌握 Photoshop 抠图的常用方法。

3.1　图像概述

3.1.1　图形与图像

1. 矢量图与位图

矢量图也称为面向对象的图像或绘图图像,在数学上定义为一系列曲线连接的点。矢量文件中的图形元素称为对象。每个对象都是一个自成一体的实体,它具有颜色、形状、轮廓、大小、位置等属性,可以在维持原有清晰度和弯曲度的同时,多次移动和改变它的属性,而不会影响图例中的其他对象。这些特征使基于矢量的程序特别适用于图例和三维建模,因为它们通常要求能创建和操作单个对象。基于矢量的图像同分辨率无关,这意味着它们可以按最高分辨率显示到输出设备上。矢量图是用一系列计算指令来表示的图,因此可用数学方法描述,即本质上是很多数学表达式的编程语言的表示。画矢量图的时候如果速度比较慢,可以看到绘图的过程,读者可以理解为一个"形状",比如一个圆、一条抛物线等,因此缩放不会影响其质量。矢量图以几何图形居多,图形可以无限放大,不变色、不模糊,常用于图案、标志、文字等的设计。常见的工程制图软件 AutoCAD 制作的图像大多属于矢量图,矢量图的文件格式有 DWG、DXB、DXF 等。图 3-1(a)所示为矢量图。

位图图像也称点阵图像或绘制图像,由称为像素(图片元素)的单个点组成。这些点可以进行不同的排列和着色以构成图像。当放大位图时,可以看到构成整个图像的无数个方块。扩大位图尺寸的效果是增大单个像素,从而使线条和形状显得参差不齐,缩小位图尺寸也会使原图变形。处理位图时,输出图像的质量取决于处理过程开始时设置的分辨率的高低。操作位图时,分辨率既会影响最后输出的质量也会影响文件的大小。无论是在一个 300dpi 的打印机上还是在一个 2570dpi 的打印机上打印位图文件,文件总是以创建图像时的分辨率大小打印,除非打印机的分辨率低于图像的分辨率。

位图文件以点阵形式存储,从而真实细腻地反映图片的层次、色彩。缺点是文件的存储需要较大的空间,图像放大、缩小后会变形,常会出现马赛克现象。一般位图适合描述照片等高质量的图片,常见的位图格式为 BMP 格式。图 3-1(b)所示为位图图像放大后的效果。

　　　　(a)矢量图　　　　　　　　　　　　　(b)位图

图 3-1　图像放大后的效果

2. 图形

图形是指由外部轮廓线条构成的矢量图，即由计算机绘制的直线、圆、矩形、曲线等。图形用一组指令集合不定期地描述图形的内容，如描述构成该图的各种图元位置维数、形状等，描述对象可任意缩放，不会失真。在显示方面，图形使用专门的软件将描述图形的指令转换成屏幕上的形状和颜色，适用于描述轮廓不是很复杂，色彩不是很丰富的对象，如几何图形、工程图纸、3D 软件造型等。图形的编辑通常用矢量图形软件，可对矢量图及图元独立地进行移动、缩放、旋转和扭曲等变换。

3. 图像

图像是由扫描仪、摄像机等输入设备捕捉实际的画面产生的数字图像，是由像素点阵构成的位图。图像用数字描述像素点、强度和颜色，描述信息的文件存储量较大，所描述的对象在缩放过程中会损失细节或产生锯齿。在显示方面，它是将对象以一定的分辨率分辨以后再将每个点的色彩信息以数字化的方式呈现，可直接快速地在屏幕上显示。分辨率和灰度是影响其显示的主要参数。图像适用于表现含有大量细节（如明暗变化、场景复杂、轮廓色彩丰富）的对象，如照片、绘图等，通过图像软件可进行复杂图像的处理以得到更清晰的图像或产生特殊的效果。常用的图像处理软件有 Photoshop、ACDSee 等，图像在计算机中的存储格式有 BMP、PCX、JPG、TIF 等。

3.1.2 技术参数

1. 像素

像素（pixel）是一个由数字序列表示的图像中的最小单位，一个像素通常被视为图像最小的完整采样。像素这个概念可以出现在很多方面，如图像中的像素、显示器的像素、数码相机的像素、摄像机的像素、投影仪的像素等。像素通常可以用一个数字表示，比如一个"0.3 兆像素"数码相机，它有 30 万的额定像素；也可以用一对数字表示，例如"640×480"显示器，它表示横向 640 像素和纵向 480 像素（就像 VGA 显示器），因此其总数为 640×480=307200 像素。

图像像素是图像的彩色采样点，其清晰度取决于计算机显示器，但不一定和屏幕像素一一对应。表示图像的像素越多，图像则越清晰，也越接近原始的图像。

2. 分辨率

一般分为图像分辨率和输出分辨率两种。前者用图像每英寸显示的像素数表示，分辨率数值越大，则图像质量越好；后者衡量输出设备的精度，用输出设备（如显示器）每英寸的像素数表示，如显示器的分辨率为 1024×768，其中 1024 就代表显示器横向像素数为 1024，纵向像素数为 768。

图像分辨率是用于度量位图图像内数据量多少的参数，通常表示成每英寸像素数（pixel per inch，ppi）和每英寸点数（dot per inch，dpi），包含的数据越多，图形文件的大小就越大，也越能表现更丰富的细节，但更大的文件也需要耗用更多的计算机资源。如果图像包含的数据不够充分，分辨率较低，那么图像就会显得比较粗糙，特别是把图像放大观看时。在创建图片的时候，我们必须根据图像最终的用途决定相应的分辨率，以便使生成图像的大小和清晰度满足需要。生成图像的时候要尽量保证图像包含足够多的数据，能满足最终输出的需要，但也要适量，尽量少占一些计算机资源。分辨率和图像的像素有直接的关系，通常被表示成每一个方向上的像素数量，比如 640×480 等，而在某些情况下，它也可以同时表示成"每英寸像素（ppi）"以及图形的长度和宽度，比如 72ppi 和 8×6 英寸。一张分辨率为 640×480 的图片，它的分辨率就达到了 307200 像素，也就是常说的 30 万像素；一张分辨率为 1600×1200 的图片，它的像素就是 200 万。

3. 图像色彩模式

图像色彩模式是把色彩表示成数据的一种方法。一般情况下计算机处理的色彩模式有以下 3 种：

（1）RGB 模式。RGB 模式是基于可见光的原理而制定的，R 代表红色，G 代表绿色，B 代表蓝色，如图 3-2 所示。根据光的合成原理，不同颜色的色光相混合可以产生另一种颜色的光。其中 R、G、B 这三种最基本的色光以不同的强度相混合可以产生人眼所能看见的所有色光，所以 RGB 模式也叫加色模式。在 RGB 模式中，图像中每一个像素的颜色由 R、G、B 三种颜色分量混合而成，如果规定每一颜色分量用一个字节（8 位）表示其强度变化，则 R、G、B 三色就会各自有 256 级不同的强度变化，各颜色分量的强度值在 0 时最暗，在 255 时最亮。这样的规定使每一个像素表现颜色的能力达到 24（8×3）位，所以 24 位的 RGB 模式图像一共可表现出 1677 万种颜色。

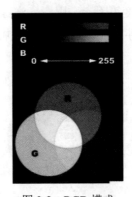

图 3-2　RGB 模式

（2）HSB 模式。HSB 模式基于人类对颜色的感觉，也是最接近于人眼观察颜色的一种模式，如图 3-3 所示。H 代表色相，S 代表饱和度，B 代表亮度。色相、饱和度、亮度是学习图像处理常用的概念。

● 色相：是人眼看见的纯色，即可见光光谱的单色。在 0～360 度的标准色轮上，色相是按位置度量的，如红色为 0 度，绿色为 120 度，蓝色为 240 度等。

● 饱和度：即颜色的纯度或强度。饱和度表示色相中灰度成分所占的比例，用 0%（灰）～100%（完全饱和）来度量。在标准色轮上，从中心向边缘饱和度是递增的。

● 亮度：是颜色的明亮程度，通常用 0%（黑）～100%（白）的百分比来度量。

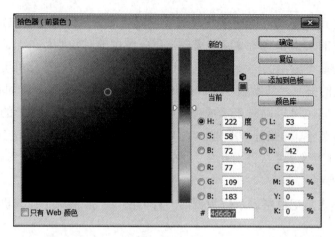

图 3-3 HSB 模式

（3）CMYK 模式。CMYK 模式包括青（Cyan）、洋红（Magenta）、黄（Yellow）、黑（Black，为避免与蓝色混淆，黑色用 K 表示），青、洋红、黄分别是红、绿、蓝的互补色，如图 3-4 所示。如彩色打印、印刷等应用领域采用打印墨水、彩色涂料的反射光来显现颜色，是一种减色方式。CMYK 模式以打印在纸上的油墨的光线吸收特性为基础，当白光照射到半透明的油墨上时，某些可见的波长被吸收（减去），而其他波长则被反射回眼睛，这些被减去的颜色称为减色。理论上，纯青色（C）、洋红（M）和黄色（Y）色素合成能够吸收所有的颜色而产生黑色。但在实际应用中，由于彩色墨水、油墨的化学特性，色光反射和纸张对颜料的吸附程度等因素，用青、洋红、黄三色混合得不到真正的黑色。因此，印刷行业使用黑色油墨产生黑色，CMYK 模式中就增加了黑色。

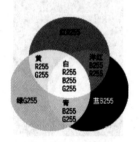

图 3-4 CMYK 模式

3.2 图像处理软件 Photoshop CC

图像处理软件专门用于处理图像，是多媒体制作必不可少的工具。图像处理主要是对图像进行扫描、编辑、特效、打印、文件管理等操作。图像处理软件实际上是一个集各种运算方法于一体的操作平台，其中包括图像解码、点运算、组运算、数据变换和代码压缩等。

2013 年 7 月，Adobe 公司推出 Photoshop 的新版本——Photoshop CC（Creative Cloud）。

在 Photoshop CS6 功能的基础上，Photoshop CC 新增了相机防抖动、Camera Raw 功能改进、图像采样提升、属性面板改进、Behance 集成等功能，以及 Creative Cloud，即云功能。

Photoshop CC 图像处理软件主要用于图像的编辑、打印和格式转换等。Photoshop CC 图像处理软件的操作界面如图 3-5 所示。

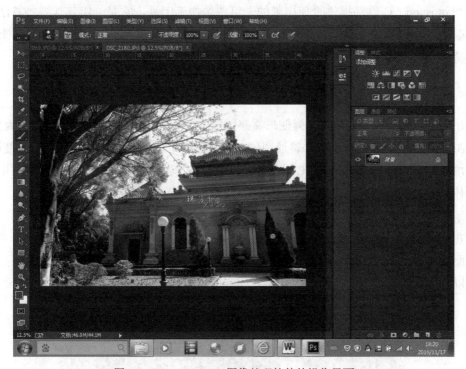

图 3-5　Photoshop CC 图像处理软件的操作界面

可以看出，其主要由菜单栏、工具箱、工具属性栏、图像窗口和其他面板等组成。Photoshop CC 的工具箱大致可分为选区制作工具、绘图工具、修饰工具、颜色设置工具、显示控制工具等几类。要使用某种工具，只需单击该工具即可，部分工具的右下角带有黑色小三角，表示该工具中隐藏着其他工具，在该工具上按住鼠标左键不放，可从弹出的工具列表中选择其他工具。

操作技巧

Photoshop CC 为每个工具都设置了快捷键，要选择某个工具，只需在英文输入法状态下按下相应的快捷键。将光标放在某个工具上停留片刻，会出现其快捷键的提示。若在同一工具组中包含多个工具，可反复按 Shift+ 该工具快捷键来快速选择该工具组中的其他工具。

使用 Photoshop CC 软件时，内存储器的容量要尽可能大一些，至少为 1GB，硬盘也应预留尽可能大的空间，屏幕显示分辨率应不低于 1024×768 像素，且采用 24 位真彩色模式。

Photoshop CC 图像处理软件的独到之处是具有分层编辑技术和滤镜标准化技术。分层编辑技术的具体形式是图层，这是一种由程序构成的物理层，由于各层面上所承载的内容均为图像，因此得名"图层"。一幅图片被调入系统后，一般作为最底层，随着编辑操作的进展，可在底层之上形成多个层面，编辑操作可在各个层面上单独进行。效果滤镜是 Photoshop CC 软件提供给使用者的一组图像加工工具，它是一组包含各种算法和数据的能完成特定视觉效果的程序。通过改变效果控制参数可得到不同的效果。效果滤镜具有简单易用、效果可调、可重叠使用、可对图像局部施加效果等特点。

3.2.1 图层的应用

在 Photoshop 中，图层可分为变形文字图层、文字图层、蒙版图层、剪贴蒙版图层、形状图层、调整图层、填充图层和普通图层。调整图层可以对图像进行色调与对比度调整、颜色填充等操作。在 Photoshop CC 中可以对图像添加图层样式，图层样式可以对图像添加立体、描边、纹理、发光等效果，便于对图像制作特殊的艺术效果。

1. "图层"面板的基本操作

在 Photoshop 中，"图层"面板是对图像图层管理与操作的界面，如图 3-6 所示。在"图层"面板中显示了左边图像对应的图层。通过使用"图层"面板可对各种图层进行显示 /隐藏以及各种编辑。

图 3-6　图像与"图层"面板的对应关系

（1）选择图层。在"图层"面板中单击需要选择的图层，选中后图层呈深灰色，此时可以对该图层进行移动、调整、填充、变形等各种操作。

操作技巧

　　选择多个连续的图层，可在按住 Shift 键的同时单击首尾两个图层。选择多个不连续的图层，可在按住 Ctrl 键的同时依次单击要选择的图层，但要注意不要单击图层缩略图，否则将会载入该图层的选区。

（2）复制图层。图层的复制是"图层"面板操作中常用的操作之一，复制图层常用于丰富画面效果，以满足设计需要。可在不同 Photoshop 文件之间复制粘贴图层，也可在同一文件中复制图层，若在同一文件中复制图层，可将要复制的图层选中，拖至"图层"面板底部的"创建新图层"按钮上。

（3）图层的锁定。通过对图层的锁定能够保护其内容，可以在完成某个图层的设置时完全锁定它，包括锁定图层透明像素、锁定图像像素、锁定位置、锁定全部操作命令等，锁定的图层将不能进行移动。

（4）图层的链接。在 Photoshop CC 中，如果需要同时对几个图层进行移动或编辑，可以使用链接图层的方法链接两个或更多个图层或组，可以对链接后的图层进行统一复制、粘贴、对齐、合并、应用变换和创建剪贴组等操作，通过这种方式能够快捷地对图像进行处理。

（5）栅格化图层内容。在 Photoshop 中对文字图层与智能对象图层不能进行滤镜及使用绘图工具进行编辑，所以需要对图层进行栅格化。所谓栅格化就是将对象图层转换为普通图层，以便对图像进行编辑。

（6）将背景图层转换为普通图层。在 Photoshop 中，打开一个图像文件，在"图层"面板中即会显示默认的背景图层，背景图层是被锁定的。如果需要对该图层进行重命名和解锁，可以双击该图层打开"新建图层"对话框，单击"确定"按钮将背景图层转换为普通图层。也可以拖动背景图层右侧的"锁定"按钮至"删除图层"按钮，释放鼠标即可对背景图层进行解锁。

（7）新建图层。在图像中新建图层可通过菜单命令实现，也可以使用"图层"面板中相应的按钮来实现。单击"图层"面板下方的"创建新图层"按钮，在所选择的图层之上会自动生成一个新的图层。也可以单击"图层"→"新建"→"图层"命令，打开"新建图层"对话框，然后对图层的名称、颜色、模式、不透明度进行设置，单击"确定"按钮完成图层创建。

图层的新建也可通过对已有图层的拷贝与剪切来实现。"通过拷贝的图层"命令新建图层与图层的复制类似，通过单击"图层"中的"通过拷贝的图层"命令对选中的图层进行复制，在"图层"面板中生成一个新图层。"通过剪切的图层"命令新建图层，首先要对图像进行选区创建，然后单击"图层"中的"通过剪切的图层"命令，对选区内的图像进行剪切并在"图层"面板中新建一个图层。

当然，在编辑图像时，很多图层是自动生成的，如在图像中输入文字时会自动创建文字图层。

（8）新建图层组。图层组是图层的集合，在"图层"面板中单击"创建新组"按钮即可创建一个图层组，也可以通过单击"图层"菜单中的"创建新组"命令创建图层组。新建图层组后，通过移动图层可以将图层移入或移出图层组。选择需要移动的图层，拖动鼠标将图层移动至图层组内或组外即可。

（9）合并图层。选择需要合并的图层后，单击"图层"面板右上角的"扩展"按钮，在弹出的扩展菜单中可以选择"向下合并""合并可见图层""拼合图像"命令进行相应的合并。如果选择的是图层组，则在弹出的菜单中选择"合并图层组"命令。

（10）盖印图层。盖印图层就是在原有图层的基础上盖印一个新的图层，与合并图层类似，但是盖印图层比合并图层更方便，因为盖印图层不会影响原有图层，便于对图像效果进行修改。要盖印所有可见图层，只需按 Shift+Ctrl+Alt+E 组合键。要盖印所选图层，首先选中要盖印的多个图层，再按 Ctrl+Alt+E 组合键。

（11）对齐与分布图层。利用"对齐"与"分布"功能可以将位于不同图层（需同时选中要对齐的图层或在这些图层之间建立链接）中的图像在水平或垂直方向上对齐或均匀分布。通过"图层"菜单的"对齐"和"分布"子菜单中的命令实现。

（12）图层分组。当图像中包含多个图层时，可利用图层组对图层进行分类管理，还可对组中的图层统一进行设置。单击"图层"面板底部的"创建新组"按钮即可创建一个图层组，双击组名可以对其重命名。要将相关图层放在图层组中，只要选择要放置的图层，然后将其拖到图层组上方并释放鼠标即可。选中要编组的一个或多个图层，然后按住 Shift 键的同时单击"创建新组"按钮，可以将选中的图层直接编组。

2. 设置图层混合模式

图层混合模式决定当前图层中的像素与其下面图层中的像素以何种模式进行混合，简称图层模式。图层混合模式是 Photoshop CC 中最核心的功能之一，也是图像处理中最为常用的一种技术手段。使用图层混合模式可以创建各种图层特效，实现充满创意的平面设计作品。设置方法是在"图层"面板的"图形混合模式"列表中选择相应的选项，默认为"正常"模式，具体界面如图 3-7 所示。

图 3-7 图层混合模式

减淡型混合模式包括变亮、滤色、颜色减淡、线性减淡模式。加深型混合模式包含变暗、正片叠底、颜色加深、线性加深、深色模式。对比型混合模式综合了加深型和减淡型混合模式的特点，包含叠加、强光、亮光、线性光、点光、实色混合等模式。

比较型混合模式可以比较当前图像与底层图像，然后将相同的区域显示为黑色，不同的区域显示为灰度层次或彩色。比较型混合模式中包含了差值和排除模式。如图 3-8 所示，左图为底层图像，中间图为当前层图像，右图为差值比较产生的结果图。

图 3-8　差值比较的底层图、当前图与结果图

色彩型混合模式是将色彩三要素中的一种或两种应用在图像中。"颜色"模式是用于基色的亮度以及混合色的色相和饱和度创建结果色。如图 3-9 所示，从左至右依次为底层图、当前图层、色相混合所产生的结果图。

图 3-9　色彩混合的底层图、当前图与结果图

思考尝试

通过设置图层混合模式，尝试将图 a，图 b 混合达到图 c 的效果，动手操作试试吧。

图 a　　　　　　　　　　图 b　　　　　　　　　　图 c

3. 图层填充

图层填充分为纯色填充、渐变填充和图案填充。纯色填充的方法是单击"图层"面板下方的"创建新的填充或调整图层"按钮，在弹出的菜单中选择"纯色"选项，在打开的"拾色器"对话框中对填充的颜色进行设置，然后单击"确定"按钮添加图像填充图层。

渐变填充的方法是单击"图层"面板下方的"创建新的填充或调整图层"按钮，在弹出的菜单中选择"渐变"选项，打开"渐变填充"对话框，在其中可以对渐变颜色进行设置。

图案填充的方法是单击"图层"面板下方的"创建新的填充或调整图层"按钮，在弹出的菜单中选择"图案"选项，打开"图案填充"对话框，在其中可以对图案样式进行设置。

4. 调整图层

调整图层具有图层的灵活性与优点，设计者可以在调整的过程中根据需要为调整图层增加蒙版，以屏蔽对某些区域图像的调整或调整不透明度以降低调整图层的调整程度等。使用调整图层编辑图像，不会对图像造成破坏。用户可以尝试不同的设置并随时可以对调整图层进行修改，还可以通过对调整图层进行混合模式与"不透明度"的设置来改变调整图像的效果。这些功能是通过调整面板来实现的。

使用调整图层可以将颜色和色调调整后应用于多个图层，而不会永久更改图像中的像素值。当需要修改图像效果时，只需要重新设置调整图层的参数或直接将其删除即可。

5. 图层样式

在"图层"面板上单击"添加图层样式"按钮，打开图 3-10 所示的图层样式下拉列表，在其中列出了图层样式的种类。

图 3-10　图层样式

在 Photoshop 中，图像的高级混合参数在"混合样式"对话框中，单击"图层"→"图层样式"→"混合选项"命令即可打开图层"混合样式"对话框。与图层混合模式、图层不透明度等相比，高级混合功能一般很少用，只在一些特殊情况下使用高级混合功能来快速得到我们需要的效果。

- 投影：在"图层样式"对话框中选择"投影"选项后能够在选定的文字或图像的后面添加阴影，使图像产生立体感的效果。

- 内阴影：内阴影和投影效果基本相同，不过投影是从对象边缘向外，而内阴影是从边缘向内。

- 外发光：是为图层内容的外边缘添加发光效果。如果发光内容的颜色较深，那么发光颜色需要选择较浅的颜色。

- 内发光：是为图层内容的内边缘添加发光效果。和"外发光"图层样式一样，如果发光内容的颜色较浅，那么发光颜色就必须选择较深的，这样制作出来的效果会比较明显。

- 斜面和浮雕：可以对图层添加高光与阴影的各种组合，该效果是 Photoshop 图层样式中最复杂的，包括外斜面、内斜面、浮雕、枕状浮雕和描边浮雕。

- 光泽：用来创建光滑、光泽的内部阴影，"光泽"效果和图层的轮廓相关，即使参数设置的完全一样，不同内容的层添加"光泽"样式之后产生的效果也不相同。

- 渐变叠加：用渐变颜色填充图层内容。在"图层样式"对话框中可以选择或自定义各种渐变类型，并且可以设置渐变的缩放程度来调整渐变效果。

- 图案叠加：用图案填充图层内容。在"图层样式"对话框中可以选择图案类型。

- 描边：是使用颜色、渐变或图案在当前图层上描画对象的轮廓，其效果直观、简单，较为常用。

课堂案例 1　"希望工程 25 年，让爱传递"宣传画

第 3 章课堂案例 1 演示

本案例为海报设计，海报设计必须具有相当的号召力与艺术感染力，要综合运用形象、色彩、构图、形式感等因素以形成强烈的视觉效果；海报的画面应有较强的视觉中心，力求新颖，还必须具有独特的艺术风格和设计特点。海报的具体设计步骤如下：

（1）启动 Photoshop CC，选择"文件"→"新建"命令（或按 Ctrl+N 组合键），按照图 3-11 所示设置新文件参数。

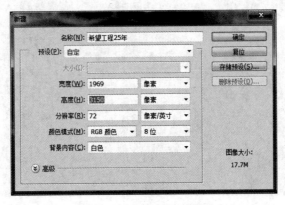

图 3-11　"新建"对话框

（2）双击背景图层解除背景图层锁定状态。

（3）使用工具栏上的"渐变工具"新建渐变，取名为"三色"，位置为 0% 的色标颜色为 RGB(231,42,30)，位置为 35% 的色标颜色为 RGB(229,31,19)，位置为 100% 的色标颜色为 RGB(93,17,18)，由中间向左上角方向实现径向渐变，如图 3-12 所示。

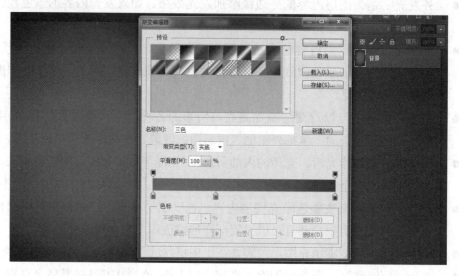

图 3-12　渐变编辑器

（4）选择"文件"→"打开"命令（或按 Ctrl+O 组合键），打开本案例"素材"文件夹下的"花纹背景"和"爱心"两张 JPG 图片，通过移动工具、魔棒工具以及复制和粘贴等命令将需要的部分复制到"希望工程 25 年"文件中并各占一个图层，如图 3-13 所示。

图 3-13　复制图层

（5）通过“仿制图章工具”将“爱心”下面的红色部分仿制上花纹，通过魔棒选择工具选择“爱心”中间的白色区域并按 Delete 键删除，效果如图 3-14 所示。

图 3-14 “爱心”效果

思考尝试

不通过“仿制图章”工具，仅利用图层概念以及选区技巧能否同样实现图 3-14 所示的效果呢？动手操作尝试下吧。

（6）选择“文件”→“打开”命令，打开本案例“素材”文件夹下的“希望工程”JPG 图片，使用魔棒工具选择白色区域并反选（或按 Ctrl+Shift+I 组合键），通过减少选区达到图 3-15 所示的效果。

图 3-15 添加“希望工程”字样效果

（7）选择"编辑"→"拷贝"命令，再选择"编辑"→"粘贴"命令将选择"希望工程"图的选区拷贝到"希望工程 25 年"文件中，使红色的太阳、黑色的大海、希望工程中的英文和汉字各占一个图层，并分别填充为红色、蓝色和黄色，最后再适当调整各个图层内容的位置和大小，效果如图 3-16 所示。

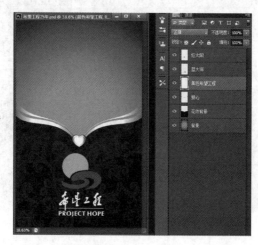

图 3-16　效果

（8）参考本案例"素材"文件夹下的"希望工程 25 年海报效果图"JPG 图片添加顶部的 3 个小图片，反复执行以下操作：

- 打开所需素材图片。
- 用移动工具复制图片内容到"希望工程 25 年"文件中。
- 自由变换（Ctrl+T）、调整图片大小和位置。
- 参考效果图，用路径工具在小图片周围编辑路径，然后在"路径"面板中将路径转换为选区之后再反选，最后按 Delete 键删除。
- 按 Ctrl+D 组合键取消选择，选择"图层"→"图层样式"→"描边"命令，按图 3-17 所示设置描边参数。

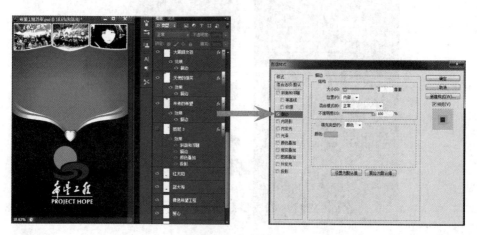

图 3-17　参数设置

（9）选择"横排文字工具"，分 5 个图层分别输入"希望工程 25 年 让爱传递！"，其中用到的字体为"方正黄草""华文彩云"和"微软雅黑"。"方正黄草"字体的安装详见"案例素材"的"字体库"文件夹中的"字体安装方法 .txt"文本文件。然后将文字"爱"图层栅格化并添加"图层样式"中的投影、斜面和浮雕、颜色叠加、描边，最后设计的效果如图 3-18 所示。

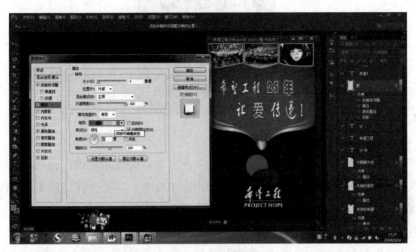

图 3-18 效果图

操作技巧

在使用放大缩小工具时，按 Alt 键可以实现放大缩小功能的切换，按住鼠标左键不动的情况下，移动鼠标也可以实现快速放大缩小。在使用其他工具时，可以按 Ctrl+空格键的同时按住鼠标左键移动，实现即时的放大和缩小，而按住空格键不动，则可以快速切换到抓手工具。

Ctrl+D 为取消选区快捷键；Ctrl+T 进行对象的自由变换；Ctrl+Delete 填充对象的背景色；Alt+Delete 填充对象的前景色。按住 Ctrl 键的同时单击图层面板中的图层缩略图可以快速构建该图层对象的选区。

3.2.2 数码照片的后期处理

在数码摄影时代，常常会对数码照片进行后期处理。所谓的处理不是增删画面元素，而是通过后期处理软件来弥补数码相机拍出来的原始照片的一些缺憾。其实看过处理前后的对比照片就会明白，通过后期处理，可以挖掘照片的潜质，提升照片的品质，突破光影的极限，打造经典的照片特效，从而赋予照片第二次生命。

在数码照片的后期处理中，直方图可谓是比较关键的后期处理工具了。直方图用图形表示了图像的每个亮度级别的像素数量，展现了像素在图像中的分布情况，可以很直观地反映出照片的信息。学会看直方图是学习 Photoshop 需要掌握的基本技巧，因为在色阶和曲线上都有直方图的体现，可以为读者判断图像的色调提供准确的科学依据。

单击"窗口"→"直方图"命令即可打开"直方图"面板。那么如何看直方图呢？直方图的观看规则是"左黑右白"，左边代表暗部，右边代表亮部，而中间则代表中间调；纵向上的高度代表像素密集程度,越高表示分布在这个亮度上的像素越多,如图3-19所示。

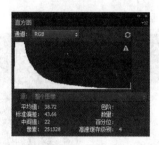

图 3-19　直方图

不看照片，通过直方图就能看出此图大部分的像素均处在左边，代表暗部像素过多，也就是说这张照片的影调偏暗，所以我们需要通过其他工具提升其亮度来达到完美效果。直方图在我们对数码照片进行后期处理时可起到很好的指导作用。

1. 再造照片光影

一张刚刚从存储卡导入计算机的数码照片往往并不完美，而先进的后期处理方法可以将数码照片曝光失败及常见的"灰雾"问题一一解决。曝光控制和画面对比度的把握是数码照片后期处理的永恒话题。这里将通过 4 个案例来介绍曲线工具的原理和使用方法，从而完成对照片曝光和对比度功能的全面控制。

Photoshop 中可以调整数码照片曝光和画面对比度的工具有很多，它们都隐藏在"图像调整"菜单中，这些工具的原理和操作方法大同小异。其中，典线工具所能实现的功能最为全面，在 Photoshop 中，曲线工具的操作界面增加了数码照片的直方图，为曝光和对比度的控制提供了有力的参考。调用曲线的方法:选择"图像"→"调整"→"曲线"命令打开"曲线"对话框，如图3-20 所示，在其中进行设置。

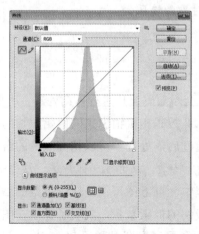

图 3-20　"曲线"对话框

课堂案例 2　再现照片的细节

调整数码照片的明暗是最常使用的功能，在曲线工具的控制窗口中可以看到这张照片的直方图（数码照片的明暗分布图，其中，左下角代表最暗部全黑，右上角代表最亮部全白，中间部分则代表了从最暗部到最亮部的亮度分布）整体靠左分布，也就是说这张照片的影调偏暗，此时单击曲线控制界面的中心点并向上拖动鼠标，照片的亮度随即得到提升，照片中屋檐处的细节也慢慢显现出来。曲线调整、调整前的效果图和调整后的效果图如图 3-21 至图 3-23 所示。

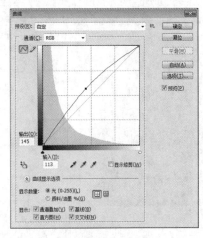

图 3-21　曲线调整

图 3-22　调整前的效果图

图 3-23　调整后的效果图

通过观察 Photoshop 曲线工作界面的直方图显示窗口，可发现照片的直方图整体向右移动，实时反映了照片曝光的变化。同理，如果数码照片曝光过度，直方图分布整体偏右，则可以将曲线工具控制界面的中心点向下拖动进行调整。

课堂案例 3　去除照片的灰雾

数码相机为了记录更丰富的细节，拍摄的照片画面对比度往往偏低，这就造成了常见的"灰雾"现象。造成"灰雾"现象的根本原因是照片缺乏最亮和最暗部分，直方图也多分布在明暗影调的中间部分，两顶点甚至没有任何影像分布。本例的照片就呈"灰雾"状态，缺乏最亮和最暗部分，直方图多分布在中间部分，两顶点没有任何影像分布，如图 3-24 所示。解决这个问题的方法是重新定义数码照片的最亮点和最暗点。打开"曲线"工具，在曲线工具控制界面中，将左下角的控制点向右平行拖动，直至照片直方图的最左端，同时，将右上角的控制点向左平移，移动到照片直方图的最右端，如图 3-25 所示。此时，可发现照片的"灰雾"瞬间消失，照片变得清晰亮丽。

图 3-24　色阶分布情况图

图 3-25　曲线调整图

在 Photoshop 工作界面右上角的直方图显示窗口中可以看出，照片的直方图向两边拉伸并重新进行了分布，如图 3-26 所示。这意味着该照片亮部、暗部、中间部分均有信息，照片就更加丰富且具有细节的层次了。

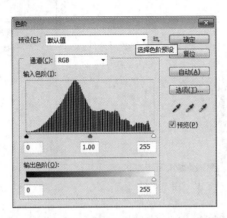

图 3-26　调整后的色阶分布

课堂案例 4　调整照片的明暗对比度

　　数码照片去除"灰雾"的同时，画面的对比度也得到了提升。但在许多数码照片中，其画面中已经存在最亮点和最暗点，可画面的整体感觉仍然很平淡，如图 3-27 所示的照片。此时，同样可以利用曲线工具调整画面中间调的对比度。在曲线工具控制界面的控制影调的对角线中分别选取两点，它们分别代表着亮部区域和暗部区域，亮部区域的控制点向斜上方拖动，暗部区域的控制点向斜下方拖动，如图 3-28 所示，这样可以实现照片整体影调对比度的提升。调整后，Photoshop 工作界面右上角的直方图显示窗口中，左右两边代表数码照片偏亮部区域和偏暗部区域的直方图升高了，说明亮部变得更亮，暗部变得更暗，数码照片的视觉效果也瞬间发生了变化，画面更加通透迷人，如图 3-29 所示。

图 3-27　处理前的效果图

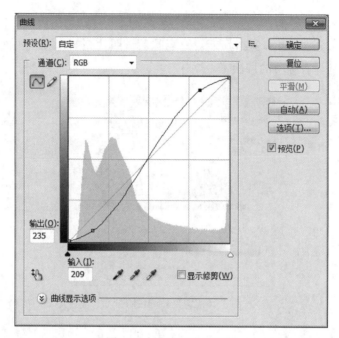

图 3-28　调整明暗对比度

图 3-29　处理后的效果图

第 3 章课堂
案例 5 演示

课堂案例 5　风光调整

　　风光是大部分人喜欢拍摄的题材，面对数码相机拍摄的原片，总是有人会抱怨天空太亮、色彩太淡、照片不通透。本例从最常遇到的问题出发，提炼了风光照片处理中最行之有效的 3 个工具使用技巧，只要掌握以下几个重要操作，就可以让你的风光照片瞬间通透。本例的原图和效果图如图 3-30 所示。

图 3-30　原图和效果图

（1）还原碧蓝的天。天空是数码风光照片中最常出现的元素，这张照片由于是在正午拍摄的，因此光线较强，从画面上看，天空过亮，云彩细节不够丰富，影响了整张照片的表现。这时，可以借助 Photoshop 中的“阴影 / 高光”工具来有效地还原高光部分天空的细节质感，选择“图像”→“调整”→“阴影 / 高光”命令，打开“阴影 / 高光”对话框，如图 3-31 所示。将高光滑块向右移动，如此一来照片中高光部分的亮度降低，细节逐渐显现，而中间色调和暗调则不受影响。同时，为了更好地呈现大光比下的阴影细节，也可以将阴影滑块略微向右移动，以提亮画面中阴影部分的细节。

（2）让照片更通透。经过上一步的调整，照片的细节更加丰富起来，但与此同时，照片的反差也降低了，画面发灰，不够通透。这时，我们要请出大名鼎鼎的色阶工具来调整照片的反差。选择“图像”→“调整”→“色阶”命令，在打开的“色阶”面板中，将直方图中决定照片暗调的黑点向右移动，如图 3-32 所示，使照片中阴影区域的黑色更加纯粹，让画面显得更加厚重。

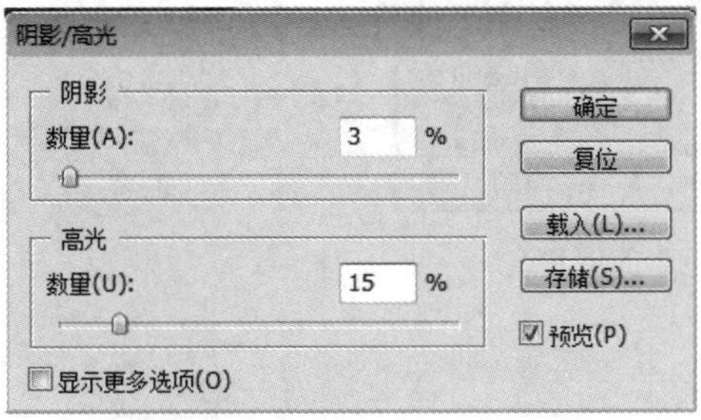

图 3-31　“阴影 / 高光”对话框

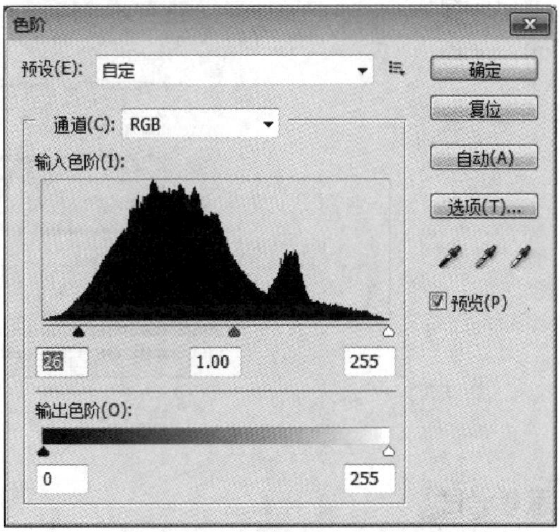

图 3-32　“色阶”对话框

（3）调整局部的色彩。细心的读者可能会发现，照片中的黄叶色彩不够饱和。造成这种现象的原因比较多，最主要的原因是正午强烈的光照被树叶反射到了镜头中。此外，相机的成像风格也是影响因素之一。因此，使用"色相／饱和度"工具来增加黄叶的表现力，选择"图像"→"调整"→"色相／饱和度"命令，在控制面板的下拉列表框中选择"黄色"，将色相滑块向左移动，此时照片中秋天树叶的颜色瞬间变得金黄，如图 3-33 所示。

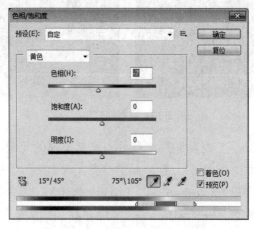

图 3-33 "色相／饱和度"对话框

（4）调整全图的色彩。最后进行最简单也是非常行之有效的一项操作，在"色相／饱和度"面板的下拉列表框中选择"全图"，然后向右移动"饱和度"滑块，使照片的色彩更加艳丽，如图 3-34 所示。提升饱和度的操作往往是风光照片调整的最后一步，要注意饱和度的提升一定要适度，否则照片颜色会过于浓艳而显得虚假，而且照片的画质也会受到严重破坏，甚至发生色调分离的现象。

图 3-34 调整全图色彩的饱和度

思考尝试

试着通过"图层"面板底部的"创建新的填充和调整图层"子菜单命令来实现数码照片的后期处理，找到其与通过"图像"菜单下的"调整"子菜单命令实现后期处理的区别。你觉得哪种操作更好呢？动手操作体验一下吧。

2. 全面修补照片

无论是人工景观的破坏，还是感光元件的污点，或是拍摄环境的影响，数码照片的画面中经常会出现种种不和谐的因素。这里将讲解精细修补照片的方法，以更大程度地利用数码后期技术来弥补前期拍摄中的不足。一般修补照片的工具有以下几种，均可在工具栏中找到（如图 3-35 所示）：

（1）仿制图章工具：从图像中取样，可将照片中的样本应用到其他照片或同一张照片的其他部分，通过复制画面元素移去图像中的缺陷。

（2）修复画笔工具：可用于去除瑕疵。与仿制图章工具一样，它也可以利用图像中的样本来绘画，但是修复画笔工具还可以将样本部分的纹理、光照、透明度和阴影与所修复的部分进行自动匹配，从而使修复的部分不留痕迹地融入图像其余部分。

（3）污点修复画笔工具：可以快速移去照片中的污点等不理想部分。它的工作方式与修复画笔工具类似，而不同的是，污点修复画笔工具不要求指定样本点，它会自动从所修饰区域的周围取样。

（4）修补工具：工作方式和修复画笔工具一样，只是工作时的操作方式有很大的不同。

（5）红眼工具：可去除用闪光灯拍摄的人物照片中的红眼，也可以移去用闪光灯拍摄的动物照片的白色或绿色反光。

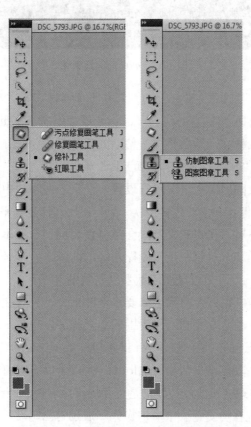

图 3-35　工具栏中各工具对应的位置

第 3 章课堂
案例 6 演示

课堂案例 6　修补照片

生活中经常由于环境的限制，画面中会存在一些干扰元素。本例介绍如何去掉背景中杂乱的元素——图片中的电线，原图如图 3-36 所示。

图 3-36　处理前的效果图

（1）打开本案例"素材"文件夹下的"修补照片素材 .jpg"文件。

（2）在工具栏中选择"仿制图章工具"，这是最常用的修复照片缺陷的工具，它可以从照片中的选定部分取样本，然后将样本粘贴到照片中需要修补的部分。对于复制照片中的元素或去除照片中的缺陷，"仿制图章工具"十分实用。

（3）根据照片和缺陷的实际情况进行设置，在上方选项栏中默认的选择是"对齐"。这样，无论对复制工作停止和继续过多少次，都会使用与修复处平行的新取样点。当"对齐"处于取消选择状态时，在每次复制时会重复使用同一个样本。在选项栏中，还可以通过画笔大小和硬度的调节对每一步复制操作区的面积进行多种控制。通过选项栏中的"不透明度"和"流量"设置可以减弱或增强复制效果。

（4）在照片中取样。在照片中确定需要修复的部分，并且在它的周围找到合适的取样点。在本例中，操作者需要找到电线周围的蓝天部分，选取一块和修复对象的理想修补质感、光线等条件相近的区域，按住 Alt 键不放，单击此处便可完成取样。

（5）复制与修补。取样结束后松开 Alt 键，对画面中的瑕疵部分进行复制修补。在复制修补过程中，要注意区域的修补效果是否和周围区域协调一致，如果复制效果突兀，则须按 Ctrl+Z 组合键或在历史记录中取消操作。通过对画笔硬度等参数的修改和反复尝试来获得最理想的效果。修补后的效果图如图 3-37 所示。

图 3-37　处理后的效果图

课堂案例 7　简单美化人物

第 3 章课堂
案例 7 演示

　　由于人物本身客观存在的原因或光线等因素，人像照片经常会有不完美的地方，特别是人物特写。本例将介绍简单美化人物的方法，原图和效果图如图 3-38 所示。

图 3-38　原图和效果图

　　（1）启动 Photoshop CC，选择"文件"→"打开"命令，打开本案例"素材"文件夹中的"3.2 红眼痣"JPG 文件。

　　（2）为了方便查看对比效果，建议先复制背景图层，然后在"背景副本"中编辑修改。

　　（3）使用工具栏上的"红眼工具"适当调整"瞳孔大小"和"变暗量"的值，设置完毕后单击"红眼"即可完成去红眼操作，如图 3-39 所示。

　　（4）使用工具栏上的"仿制图章工具"，按 Alt 键选取仿制源（与痣附近皮肤类似的区域），单击痣所在位置进行去痣操作，并通过"涂抹工具"和"模糊工具"将痣周围的皮肤实现融合，如图 3-40 所示。

　　（5）使用工具栏上的"减淡工具"和"加深工具"对皮肤肤色进行简单美化，注意调整画笔的"大小""硬度"和"曝光度"。最后的效果图如图 3-41 所示。

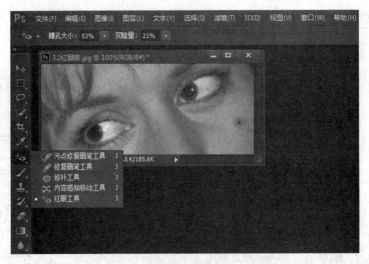

图 3-39　去红眼

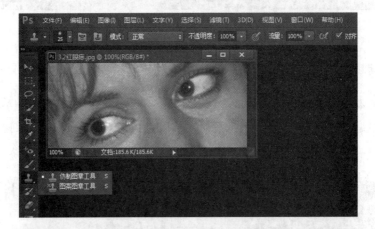

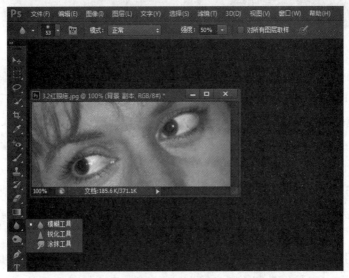

图 3-40　美化皮肤

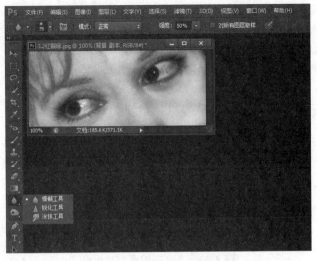

图 3-41　效果图

课堂案例 8　更换照片背景

第 3 章课堂
案例 8 演示

由于环境、镜头受限而导致的杂乱背景常常让人沮丧。很多人认为对背景进行处理，给相片换个背景是修图高手才能完成的任务。其实，只要用画笔涂涂抹抹，就可以轻松地换背景。

（1）在 Photoshop 中打开本案例"素材"文件夹下的"更换照片背景素材 .jpg"，将背景图层拖拽到"图层"面板下方的 按钮上创建一个副本。单击"背景副本"图层左边的"眼睛"图标暂时隐藏该图层，如图 3-42 所示。

图 3-42　创建副本并隐藏

（2）选择"背景"图层，使它处于编辑状态。再选择"滤镜"→"模糊"→"高斯模糊"命令，在弹出的对话框中拖动滑块调整模糊半径至 40，使画面变得模糊，如图 3-43 所示。

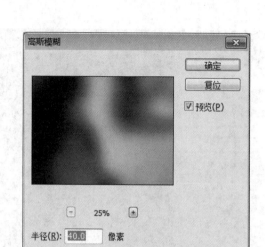

图 3-43 "高斯模糊"对话框

（3）再次单击"眼睛"图标使"背景副本"图层可见。选择"背景副本"图层，单击"图层"面板下方的"添加图层蒙版"按钮 ⬜，为"背景副本"图层添加蒙版。然后选择工具箱中的"画笔工具" ✎，将前景色设置为黑色，在选项栏上设置较大尺寸的柔和画笔，用画笔在需要模糊背景的区域涂抹即可去除杂乱的背景。涂抹后的效果如图 3-44 所示。

图 3-44 涂抹后的效果

（4）在涂抹时，要确保在蒙版上操作。对图层蒙版进行编辑时，涂抹的黑色区域会露出下方的画面，涂抹的白色区域则显示当前图层的画面。如果不小心涂抹到了人物区域，将人物变得模糊了，可以将前景色设置为白色，在误涂抹的区域进行绘制，将它们恢复到清晰状态。

　　使用图层蒙版可以用绘制的方式决定哪些区域保留当前图层的画面，哪些区域透出下方图层的画面，用蒙版来替换背景不需要进行复杂而细致的抠图，简单的涂抹或者拖拽一下鼠标就可大功告成。

操作技巧

　　蒙版其实就是用黑白灰的程度来控制图层局部的不透明度，可用相应的口诀"白留黑不留，灰是透着留"或者"白显黑隐灰半透"来记忆。

　　（5）当需要更换背景照片时再新建一层，导入一张背景图片，复制背景图片并调整图层至蒙版层的下方，如图 3-45 所示。

图 3-45　添加图层

思考尝试

　　通过案例 8 的知识尝试实现下面的效果。

原图

效果图

第 3 章课堂
案例 9 演示

课堂案例 9　替换颜色

本例中红牡丹摇身变为名贵的紫牡丹（参见演示视频），原图与效果图如图 3-46 所示。

图 3-46　原图和效果图

（1）启动 Photoshop CC，选择"文件"→"打开"命令打开"案例素材"文件夹中的"红牡丹 .jpg"文件。

（2）为了方便查看对比效果，建议先复制背景图层，然后在"背景副本"中编辑修改。

（3）选择"图像"→"调整"→"替换颜色"命令，通过"吸管"选择原图的红色牡丹并适当调整颜色容差，如图 3-47 所示。

图 3-47　"替换颜色"设置（1）

（4）在"替换颜色"对话框中将"结果"颜色更改为效果图中的淡紫色，RGB 值如图 3-48 所示。

图 3-48 "替换颜色"设置（2）

思考尝试

结合案例 9 的知识为美女换装。

原图　　　　　　　　　　　效果图

3.2.3 专业抠图技巧

"抠图"是图像处理中最常见的操作之一，将图像中需要的部分从画面中精确地提取出来就称为抠图，抠图是后续图像处理的重要基础。图像编辑得成功与否，根本取决于选区边缘的编辑效果。在一个非常精确，即锐利的边缘中，抠出的人物绝不能看起来就像是粘在背景上一样。反之，太柔和的边缘则会让人物的轮廓消失。

如果想为人物照片不露痕迹地更换新的背景，就需要在素材中精确到像素点来选取相应的人物。Photoshop 提供了大量的工具和功能，可以把一个被摄人物从背景中逐步抠下来，但只有在正确地组合所有相关的操作方法时，才能更好地实现目标。本小节将介绍几种抠图常用的技巧，可以帮助读者应对各种复杂背景的抠图，并且最大程度地保留主体的细节。

1. "调整边缘"抠图法

早期 Photoshop 抠图一般都采用通道、蒙版、背景橡皮擦、色彩范围、魔棒、钢笔路径等工具，自从发布 Photoshop CS5 后，新的抠图方法（调整边缘抠图）就基本替代了旧版软件里的所有方法，同时滤镜里的抽出功能也没有了，实际上就是把过去一直使用的"调整边缘"进行了升级，即进一步细化了抽出功能。

Adobe 在 Photoshop CC 中把所有调整边缘的功能都整合在一个菜单中。"调整边缘"这个命令在只要有选区的情况下都可以打开，"调整边缘"不仅提供了除单纯的蒙版模式之外的诸多预览模式，还提供了用于平滑、放大、缩小或羽化选区边缘的精细设置。其中，"半径"滑块是常见的羽化选择的一个真正的替代方法，因为它把羽化处理限制在一个细长的选区边缘内，更适合用来优化像头发这样的精细选区。"调整边缘"对话框如图 3-49 所示。

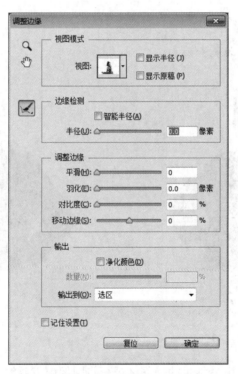

图 3-49 "调整边缘"对话框

第 3 章课堂
案例 10 演示

课堂案例 10 清晰轮廓抠图

在本例中，对这张图像进行抠图的难点在于头发的选择，抠出的发梢需要保留一定的透明度，这样人像与新背景合成的效果才能够完美。

（1）打开本案例"素材"文件夹下的"素材 1.jpg"文件，复制一层，选用"魔棒"工具，单击图片背景，蚂蚁线将人物选中，此时可配合使用 Alt 和 Shift 键增减选区（必要的话可以用放大镜放大），直到蚂蚁线完全贴合人物，头发大体框住即可，如图 3-50 所示。

图 3-50　用"魔棒"工具建立的选区图

（2）单击"选择"→"反向"命令或者按 Shift+Ctrl+I 组合键进行反选，这时就选中了人物，如图 3-51 所示。

图 3-51　反选效果图

（3）单击"调整边缘"按钮 调整边缘... 打开"调整边缘"对话框（只要选择了选区工具，

在工具选项栏中就会存在"调整边缘"按钮），也可以单击"选择"→"调整边缘"命令来打开"调整边缘"对话框。

（4）在"视图"下拉列表框中选择"黑底"视图模式，图像效果如图 3-52 所示。

图 3-52　"调整边缘"中的"黑底"视图模式

（5）勾选"智能半径"复选框，然后调整"半径"参数，如图 3-53 所示。

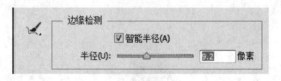

图 3-53　边缘检测设置

1）半径：调整选区的大小，数值越大，显示的发丝越多。调整半径的数值以后，在"视图模式"选项组中勾选"显示半径"复选框，我们可以看到，选区的边缘呈半透明的状态，选择的半径数值越大，发丝效果越清晰，但是其他地方也会呈半透明状态，所以半径并不是调得越大越好。

2）智能半径：使半径自动适应图像边缘。在本案例中，打开"智能半径"后会智能判断轮廓边缘并设置参数。智能半径还需配合以下 4 个参数来调整边缘才能达到比较完美的效果：

- 平滑：修改抠出图像或整个选区边缘的平滑度，即控制边缘不会很粗糙。
- 羽化：使选定范围的边缘达到朦胧的效果，即让边缘轮廓线不是很尖锐。羽化值越大，朦胧范围越宽；羽化值越小，朦胧范围越窄。
- 对比度：修改所选范围的对比度，数值越大，对比度越大。
- 移动边缘：相应地扩大所选范围的边缘，减少环境光的影响。

（6）"调整边缘"参数设置如图 3-54 所示。在"调整边缘"对话框中选择"调整半径工具" ，如图 3-55 所示。

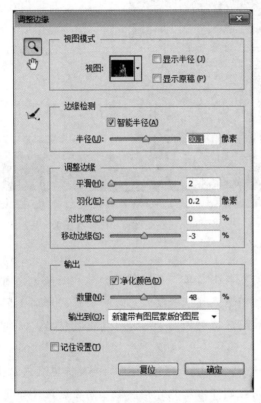

图 3-54 "调整边缘"参数设置

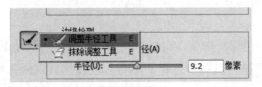

图 3-55 调整半径工具

操作技巧

不论是使用"调整半径工具"，还是使用"抹除调整工具"，都可以在工具选项栏中的"大小"文本框中输入笔尖的大小，或者单击右侧向下的箭头来调整笔尖的大小；也可以按下键盘上的左中括号键"["将笔尖调小，或者按下右中括号键"]"将笔尖调大。

（7）在图像窗口中涂抹图像，如图 3-56 所示。可以看到，头发已经全部被选中。

图 3-56　在图像窗口中涂抹图像

操作技巧

在选区内使用"调整半径工具" ![工具图标] 进行涂抹可以清除选区内的背景图像，还可以使选区内的人像（前景图像）处于透明状态。而在选区外部使用"调整半径工具"进行涂抹，则会使没有被选区选中的前景图像（其中就包括头发部分）和背景图像显示出来。

在选区内使用"抹除调整工具" ![工具图标] 进行涂抹，会填充选区内前景图像中透明的部分，使图像变得更清晰，而且还可以填充背景图像；而在选区外部使用该工具，则会将没有被选中的前景图像和背景图像涂抹掉。使用该工具可以清理头发间隙中的背景图像、透明区域以及背景图像区域等。

（8）勾选"净化颜色"复选框，可以自动去掉边缘处的环境颜色。

（9）在"视图"下拉列表框中选择"黑白"视图模式，因为在"黑白"模式下观察选区是最佳方式。在该模式下，我们在选区内还可以看到后脑的一些部位呈黑色，说明这些部位没有被选中。白色代表选区，灰色代表半透明区。使用"调整半径工具" ![工具图标] 进行涂抹，效果如图 3-57 所示。

（10）单击"确定"按钮，此时会创建一个"带有图层蒙版的图层"。按住 Alt 键不放，单击"蒙版"可进入蒙版层，单击"画笔"涂抹那些不该透明的地方，使之变成白色，即选区，如图 3-58 所示。

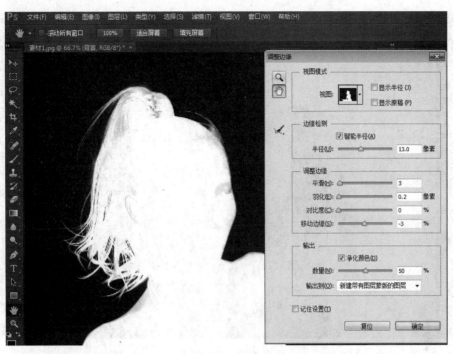

图 3-57 在"黑白"视图模式下进行涂抹

图 3-58 在"蒙版"中进行涂抹

（11）将抠出来的人像放在其他背景上，最终效果如图 3-59 所示。

图 3-59   最终效果

2. "通道"抠图法

Photoshop 通道抠图也是在抠图中经常用到的方法，主要是利用图像的色相差别或者明度差别，配合不同的方法给图像建立选区。

在作图之前，读者应先明白一个道理，RGB 模式的图像是用红、绿、蓝三原色的数值来表示的。而在通道中，RGB 模式的图就是将图片的各个颜色以单色的形式分别显示在通道面板上，而且每种单色都将记录它的不同亮度，即通道中只存在一种颜色（红、绿、蓝）的不同亮度，是一种灰度图像。在通道里，越亮说明此颜色的数值越高，正因为这一特点，所以可以利用通道亮度的反差进行抠图，因为它是选择区域的映射。除此之外，还可以将做好的选区保存到通道上。

在通道里，白色代表有，黑色代表无，它是由黑、白、灰三种亮度来显示的，也可以这样说：如果我们想将图中的某部分抠下来，即做选区，就在通道里将这一部分调整成白色。

第3章课堂
案例 11 演示

课堂案例 11   复杂轮廓抠图

当我们拿到一张图片的时候，首先应该分析此图适合用什么样的方法来做。经过观察，本例图片的背景色和前景色差距比较大，所以完全可以利用通道抠图的方法来做。案例原图如图 3-60 所示。

（1）打开本案例"素材"文件夹下的"素材 2.jpg"文件，根据图片的状况来挑选通道，一般比较清晰的轮廓挑选黑白关系很明确的通道，即没有灰色关系的通道，如图 3-61 所示，可挑选绿色通道或蓝色通道。

图 3-60　案例原图

红色通道

绿色通道

蓝色通道

图 3-61　三个通道图

（2）复制通道。右击"绿色通道"，选择"复制通道"命令复制一个通道，这时变成了 Alpha 通道，目的是为了转成选区，如图 3-62 所示。

图 3-62　复制通道

（3）选中复制的通道，选择"图像"→"调整"→"色阶"命令调整色阶，即调整左边滑块和右边滑块，把黑白关系最大化，让选区更精确，如图 3-63 所示。

图 3-63　调整色阶

（4）按住 Ctrl 键不放并单击"通道"载入选区，或者单击"选择"→"载入选区"命令载入选区，然后单击"选择"→"反向"命令或按 Shift+Ctrl+I 组合键，即可选中梅花。

（5）回到通道面板中，单击 RGB 通道，选择"图层"→"新建"→"通过拷贝的图层"命令，即可通过选区来新建一层，效果如图 3-64 所示。

图 3-64　通过拷贝新建图层

（6）为抠出来的梅花搭配其他背景，效果如图 3-65 所示。

图 3-65　最终效果

课堂案例 12　更复杂轮廓抠图

第 3 章课堂
案例 12 演示

在本例中，背景不是纯色的，要从背景中分离出树是比较复杂的，此时应把通道抠图和调整边缘方法结合起来使用。案例原图如图 3-66 所示。

图 3-66　案例原图

（1）打开本案例"素材"文件夹下的"素材 3.jpg"文件，经观察分析可知，该图也可以先用通道抠图方法来做。

（2）根据图片的状况挑选通道，一般比较清晰的轮廓挑选黑白关系很明确的通道，此例需要找到一个树是黑色的通道，故可挑选"蓝色通道"，如图 3-67 所示。

红色通道　　　　　　　　　　绿色通道　　　　　　　　　　蓝色通道

图 3-67　该图的三个通道图

（3）复制通道。右击"蓝色通道"，选择"复制通道"命令复制一个通道，这时变成了 Alpha 通道，目的是为了转成选区。

（4）选中复制的通道，选择"图像"→"调整"→"色阶"命令调整色阶，即调整左边滑块和右边滑块，让蓝天更白，树更黑，目的是为了让选区更精确，如图 3-68 所示。

图 3-68　调整色阶

（5）按住 Ctrl 键不放并单击"通道"即载入选区，或者单击"选择"→"载入选区"命令，再单击"选择"→"反向"命令或按 Shift+Ctrl+I 组合键，即可选中树，但此时的树可能还会存在一些问题，如树干不清晰，天空多选了，还有后面的山体部分也被选中了，如图 3-69 所示。可以采用"调整边缘"方法来解决这个问题。单击"调整边缘"按钮打开"调整边缘"对话框，如图 3-70 所示，然后选择"新建带有图层蒙版的图层"。

图 3-69　建立选区后的效果图

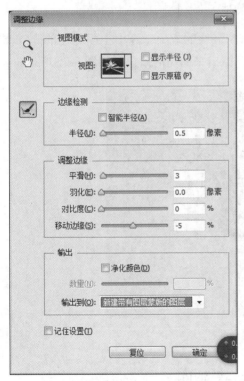

（a）"调整边缘"对话框

（b）新建一个带有图层蒙版的图层

图 3-70　"调整边缘"设置

（6）选中图层中的蒙版，用黑色画笔把不需要的地方涂抹掉，用白色画笔涂抹则可恢复想要的地方，如图 3-71 所示，最后只留下"树"部分。

图 3-71　在蒙版中进行涂沫

（7）把抠出来的树水平翻转一下，可以比较最终的效果。选中上面新建的那一层，选择"编辑"→"变换"→"水平翻转"命令，抠出来的树的效果图如图 3-72 所示。

图 3-72　最终效果图

第 3 章课堂
案例 13 演示

课堂案例 13　"混合剪贴法"抠图

在本例中，背景虽然是纯色的，但是船体的轮廓线非常复杂，这也是一个比较复杂的抠图案例。如何把船体抠出来，同时又保证边缘处处理得完美且没有杂色呢？此时应把"通道抠图法""调整边缘法"和"混合剪贴法"结合起来使用。案例原图如图 3-73 所示。

图 3-73　案例原图

（1）打开案例"素材"文件夹下的"素材 4.jpg"文件。经观察可以看出船体的轮廓线比较复杂，要把船体抠出来必须配合各种方法。

（2）按常规通道抠图，先挑选通道。本案例也是挑选黑白分明的通道，即"蓝色通道"。

（3）在通道面板上选择"蓝色通道"并复制出一个通道，如图 3-74 所示。

图 3-74　复制通道后的通道图

（4）选中复制的通道，选择"图像"→"调整"→"色阶"命令或按 Ctrl+L 组合键调整色阶。即调整左边滑块和右边滑块，把黑白关系最大化，本例中应让船体更黑，让背景更白，从而形成明显的黑白关系，让选区更精确。调整色阶图如图 3-75 所示。

（5）按住 Ctrl 键不放并单击"通道"即载入选区，或者单击"选择"→"载入选区"命令，再单击"选择"→"反向"命令或按 Shift+Ctrl+I 组合键，即可大致选中船体。

（6）回到通道面板中，单击 RGB 通道即可看到选区，但此时的选区还不够精确，需结合"调整边缘"方法来做一些修整。

图 3-75　调整色阶图

（7）回到图层面板，单击"调整边缘"按钮打开"调整边缘"对话框，设置如图 3-76 所示，且必须设置"新建带有图层蒙版的图层"，设置完成后单击"确定"按钮。

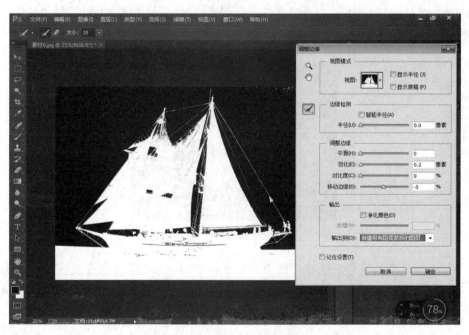

图 3-76　"调整边缘"设置

（8）选中新建的蒙版，再选择"画笔工具"进行涂抹可做修复。如果前景色为黑色，则可将不要的地方抹去；如果前景色为白色，用"画笔工具"在蒙版上进行操作，则可将刚才抠图时抠丢了的帆船部分抹出来。如果不小心画多了，出现蓝色边缘，那么选择前景色为黑色即可把蓝色去掉。涂抹后的效果图如图 3-77 所示。

图 3-77　涂抹后的效果图

（9）此时，主要问题是边缘还有蓝色杂质，即"杂边"，故应再配合"混合剪贴法"抠图。

（10）当要在两个图层间创建剪贴蒙版时，必须有一个图层是带有透明区域的。选中蒙版并拖到图层面板上的"删除图层"按钮，在弹出的对话框中单击"应用"按钮即可删除蒙版，如图 3-78 所示。

（11）在现有图层上新建一个空白图层，选择"图层"→"创建剪贴蒙版"命令，或按 Alt+Ctrl+G 组合键，或者直接按住 Alt 键在这两个图层之间单击，均可创建剪贴蒙版。创建剪贴蒙版：上一层的内容会应用到下一层中，即"粘贴"，可以用来实现两个图层内容的整合。

（12）选择新建层且把图层混合模式调为"颜色"，如图 3-79 所示。继续使用"画笔工具"，同时按住 Alt 键在蓝色杂质附近选取颜色进行绘画，从而涂抹掉杂色。因此，"剪贴蒙版"配合"图层模式"的使用会产生一些意想不到的效果。

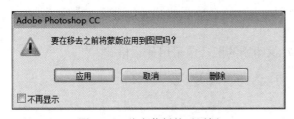

图 3-78　移去蒙版的对话框

图 3-79　设置图层混合模式为"颜色"

操作技巧

剪贴蒙版其实是通过使用处于下方图层的形状来限制上方图层的显示状态，达到一种剪贴画的效果，即"下形状上颜色"。

（13）把两个图层合并。

习题与思考

一、填空题

1．图形是指由外部轮廓线条构成的 _____ ，图像是由扫描仪、摄像机等输入设备捕捉实际的画面产生的数字图像，由像素点阵构成的 _____ 。

2．用来表示图像的像素 _____ ，图则越清晰，也越接近原始的图像。

3．图像的色彩模式一般可分为 _____ 、 _____ 和 CMYK 模式。

4．色彩深度反映了一个图像中 _____ 的数量。

5．在 Photoshop 中进行自由变换的快捷键是 _____ 。

6．位图图像的基本组成单位是 _____ 。

7．当利用扫描仪输入图像数据时，扫描仪可以把所扫描的照片转化为 _____ 。

8．显示器采用的色彩模式是 _____ 。

9．直接按下键盘上的 _____ 键可以将整个屏幕的图像进行复制并放入剪贴板，而按下 _____ 组合键可以将计算机屏幕上的活动窗口进行复制并放入剪贴板。

二、思考题

1．什么是图像？什么是图形？它们有哪些区别？

2．图像文件大致可以分为哪两类？分别说明其优缺点。

3．常见的图像文件格式有哪些？

4．什么是 RGB 模式？什么是 HSB 模式？

5．为什么不能过度调整对比度？

6．若希望保留图层，应采用哪种文件格式保存图像？

7．常用的屏幕图像截取方法有哪几种？

8．简述 Photoshop 中魔棒的作用。

9．在网络上应采用什么格式的图片？供印刷的图片应采用什么格式？

第4章
动画制作技术

动画已经成为多媒体作品中不可缺少的、最具有吸引力的元素，具有表现力丰富、直观、易于理解、引人入胜、风趣等特点。熟练地掌握动画制作技术，可以在多媒体作品中灵活地使用动画，从而使作品更生动形象。

学习要点

- 动画及动画制作过程
- Flash 的工作界面及文件的基本操作
- 矢量图形绘制
- 外部素材导入
- 逐帧动画、动作动画、形状动画、引导动画和遮罩动画的制作

学习目标

- 了解 Flash CS6 的工作界面。
- 掌握 Flash 制作动画的过程。
- 掌握 Flash 矢量图的绘制和编辑。
- 掌握导入外部资源来设计 Flash 动画。
- 掌握逐帧动画、动作动画、形状动画、引导动画和遮罩动画在动画创作中的应用。

4.1 动画概述

由于动画在多媒体中具有表现手法直观、形象、灵活等诸多特点，所以在多媒体作品中应用十分广泛，同时也深受用户的喜爱。在多媒体作品中，适当使用动画元素，可以增强效果，起到画龙点睛的作用。

4.1.1 动画基本概念

1. 什么是动画

英国动画大师约翰·海勒斯对动画有一个精辟的描述："动作的变化是动画的本质。"动画由很多内容连续但各不相同的画面组成。由于每幅画面中的物体位置和形态不同，在连续观看时，给人以活动的感觉。

由于人类的眼睛在分辨视觉信号时会产生视觉暂留，也就是当一幅画面或者一个物体的影像消失后，在眼睛视网膜上所停留的映像还能保留大约 1/24 秒的时间。如每秒更替 24 个或更多的画面，那么前一个画面在人脑中消失之前下一个画面就已进入人脑，从而形成连续影像。电视、电影和动画就是利用了人眼的这一特性，快速地将一连串的图像显示出来，然后在每一张图像中做一些小小的改变（如位置或造型）而制成的。

2. 动画的分类

动画的分类方法较多，从制作技术和手段上分，动画可分为以手工绘制为主的传统动画和以计算机为主的电脑动画；从空间的视觉效果上分，动画可分为二维动画（2D）和三维动画（3D）；从播放效果上分，动画可分为顺序动画和交互式动画。

3. 电脑动画

电脑动画是指采用连续播放静止图像的方法形成景物运动的效果，即使用计算机产生图形图像运动的技术。电脑动画可分为二维动画和三维动画。制作二维动画的软件有 Flash、GIF Animator、FlipBook 等，制作三维动画的软件有 3ds Max、Maya、Cinema 4D、LightWave 3D 等。

4.1.2 动画文件的格式

动画文件的格式较多，每种格式所适用的软件环境不同。下面介绍几种常用的动画文件的格式。

- GIF 格式：是一种图像文件格式，几乎所有相关软件都支持它。其另一个特点是在一个 GIF 文件中可以保存多幅彩色图像，如果把存于一个文件中的多幅图像数据逐幅读出并显示到屏幕上，就可以构成一种最简单的动画。
- FLC 格式：是 Autodesk 公司在其出品的 2D、3D 动画制作软件中采用的动画文件格式，广泛应用于动画图形中的动画序列、计算机辅助设计和计算机游戏应用程序中。

- SWF 格式：Flash 的专用格式，是一种支持矢量和点阵图形的动画文件格式，被广泛应用于网页设计、动画制作等领域。
- AVI 格式：音频、视频交错格式，是将语音和影像同步组合在一起的文件格式，主要应用在多媒体光盘上，用来保存电视、电影等影像信息。
- MPG 格式：即动态图像专家组，由国际标准化组织 ISO 和国际电工委员会 IEC 于 1988 年联合成立，专门致力于运动图像及其伴音编码标准化工作。
- MOV 格式：即 QuickTime 影片格式，它是 Apple 公司开发的一种音频、视频文件格式，用于存储常用的数字媒体类型。

4.1.3 动画制作流程

动画制作是相当艰巨的工程，也是十分耗费时间和金钱的工程。在动画制作中，往往不能像拍摄实景电影那样，先拍摄大量胶片，然后在后期制作中剪掉不需要的部分。在动画制作过程中，要事先准确地策划好每一个动作的时间、画面数，实施时不能出现多余的画面，以此来避免财力和时间的浪费。

传统动画的大致制作过程如下：

（1）制作声音对白和背景音乐。传统动画先制作声音，然后根据声音计算动画格数。

（2）制作关键画面。由动画设计人员绘制动画人物造型和景物等关键画面。

（3）绘制动画画面。由动画绘制人员绘制关键画面之间的大量过渡插画。

（4）复制成赛璐珞片。把动画制作人员画在纸上的动画轮廓复制到赛璐珞片上。

（5）上色。由专门从事上色的人员为赛璐珞片上的人物和景物上色。

（6）核实检查动画画稿。在拍摄电影胶片之前进行最后的检查。

（7）拍摄电影胶片。由电影摄制人员把赛璐珞片画面拍摄成电影。

（8）后期制作。对电影胶片进行剪辑和编辑，以达到最好的荧幕效果。

近年来，传统动画的制作工艺随着计算机的介入而发生了变化。有些人在完成动画画面的绘制工作以后，不再复制赛璐珞片，而是采用图像扫描仪把画稿转换成数字图像，然后在计算机上进行上色和其他处理，最后利用专门的设备把数字图像转换成录像带，供电视播放用。计算机的出现，使传统动画在经历了几代人的不断探索、艰辛劳动和创新之后，被注入新的活力。

4.2 动画制作软件 Flash

Flash 是由 Macromedia 公司推出的交互式矢量图和 Web 动画的标准，网页设计者可使用 Flash 创作出既漂亮又能改变尺寸的导航界面以及其他奇特的效果。Flash 的前身是 Future Wave 公司的 Future Splash，它是世界上第一个商用的二维矢量动画软件，用于设计和编辑 Flash 文档。1997 年，Macromedia 公司收购了 Future Wave 并将 Flash Splash 改名为 Flash，后又被 Adobe 公司收购，并相继推出了 Flash CS3、Flash CS4、Flash CS5、Flash CS6。

Flash 是目前应用最广泛的一款二维矢量动画制作软件，具有文件小、动画清晰、可交互和运行流畅等特点，主要用于制作网页、广告、动画、游戏、电子杂志和多媒体课件等。它是一种交互式动画设计工具，可以将音乐、声效、动画以及富有新意的界面融合在一起，以制作出高品质的网页动态效果。本章以 Adobe Flash CS6 为例进行讲解。

4.2.1　Flash 简介

1. Adobe Flash CS6 简介

Adobe Flash CS6 是用于创建动画和多媒体内容的强大创作平台。Adobe Flash CS6 设计使人有身临其境的感觉，而且在计算机、平板电脑、智能手机和电视等多种设备中都能呈现一致效果的互动体验。Flash CS6 附带了可生成 Sprite 表单和访问专用设备的本地扩展，可以锁定 Adobe Flash Player 和 AIR 运行以及 Android 和 iOS 设备平台。

启动后的界面如图 4-1 所示。在此窗口中可以打开最近编辑过的项目，也可以新建一个 Flash 文件，还可以从 Flash 自带的模板中创建一个 Flash 文件。

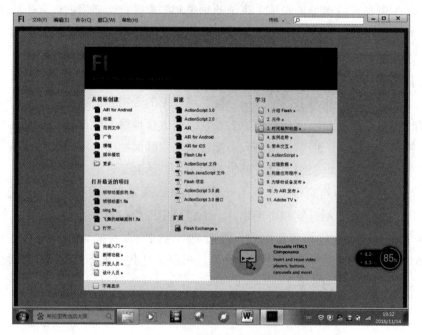

图 4-1　Flash 启动后的界面

选择"新建"→"Flash 文件（ActionScript 3.0）"命令即可创建一个空的 Flash 文件，同时打开 Flash 的工作界面。

2. Flash 的工作界面

Flash 的工作界面由标题栏、菜单栏、"时间轴"面板、工具箱、舞台、面板组等组成，如图 4-2 所示。

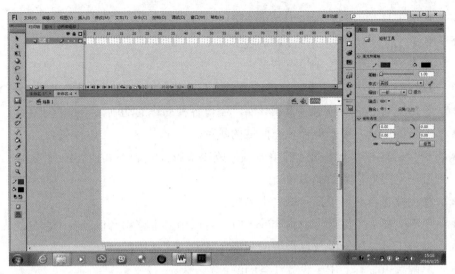

图 4-2　Flash 的工作界面

（1）菜单栏。位于窗口的顶部，包括文件、编辑、视图、插入、修改、文本、命令、控制、调试、窗口和帮助等菜单。

- 文件：与文件有关的操作，如创建、打开和保存文件等。
- 编辑：对动画内容进行复制、剪切、粘贴、查找、替换等操作。
- 视图：设置开发环境的外观和版式，包括放大、缩小、显示网格及辅助线等。
- 插入：在动画中插入新建元件、场景和图层等。
- 修改：主要用于修改动画中各种对象的属性，如帧、图层、场景和动画本身等。
- 文本：设置文本的格式。
- 命令：对命令进行管理。
- 控制：播放、控制和测试动画。
- 调试：调试动画。
- 窗口：打开、关闭、组织和切换各种窗口面板。
- 帮助：获得帮助信息。

（2）工具箱。包含一套完整的绘画工具，利用这些工具可以绘制、涂色和设置工具选项等，如图 4-3 所示。要打开或关闭工具箱，可以选择"窗口"→"工具"命令。

- 选择工具：用于选定、拖动对象。
- 部分选取工具：用于选取对象的部分区域。
- 任意变形工具：对选取的对象进行变形。
- 3D 旋转工具：只能用于影片剪辑。
- 套索工具：用于选择一个不规则的图形区域，还可以处理位图图像。
- 钢笔工具：使用此工具可以绘制曲线。
- 文本工具：用于在舞台上添加和编辑文本。
- 线条工具：使用此工具可以绘制各种形式的线条。

- 矩形工具：用于绘制矩形和正方形。
- 铅笔工具：用于绘制直线和折线等。
- 刷子工具：用于绘制填充图形。
- Deco 工具：用于生成各种对象图形、网格图形以及藤蔓式填充效果。
- 骨骼工具：给动画角色添加骨骼，制作各种动作的动画。
- 颜料桶工具：用于编辑填充区域的颜色。
- 滴管工具：用于将图形的填充颜色或线条属性复制到其他的图形线条上，还可以采集图形作为填充内容。
- 橡皮擦工具：用于擦除舞台上的内容。
- 手形工具：当舞台上的内容较多时，可以用来平移舞台以及各个部分的内容。
- 缩放工具：用于缩放舞台中的图形。
- 笔触颜色工具：用于设置线条的颜色。
- 填充颜色工具：用于设置图形的填充区域。

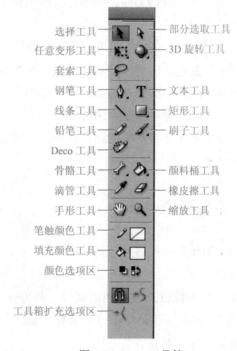

图 4-3　Flash 工具箱

（3）"时间轴"面板。"时间轴"面板是 Flash 界面中十分重要的部分，如图 4-4 所示。时间轴的功能是管理和控制一定时间内图层的关系以及帧内的文档内容，与电影胶片类似，每一帧相当于一格胶片，当包含连续静态图像的帧在时间轴上连续播放时，观众就看到了动画。

（4）舞台。舞台是动画的主要创作区域。在舞台上可以对动画的内容进行绘制和编辑，这些内容包括矢量图形、文本、按钮和视频等。动画在播放时只显示舞台中的内容，对于舞台外灰色区域的内容是不显示的。

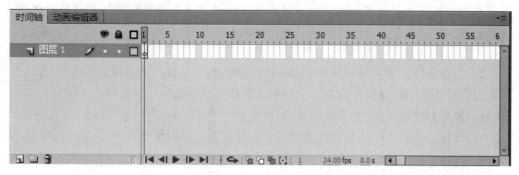

图 4-4 "时间轴"面板

（5）面板组。面板组是 Flash 中各种面板的集合。面板上提供了大量的操作选项，可以对当前选定的对象进行设置。要打开某个面板，只需选择"窗口"菜单中对应的面板名称命令即可。

3. Flash 文件的基本操作

（1）新建文件。新建文件有以下两种方法：

● 启动 Flash 应用程序，然后在启动界面上单击"Flash 文件（ActionScript 3.0）"按钮。

● 在 Flash 工作界面的菜单栏中选择"文件"→"新建"命令打开"新建文档"对话框，选择"Flash 文件（ActionScript 3.0）"或"Flash 文件（ActionScript 2.0）"选项，单击"确定"按钮，如图 4-5 所示。

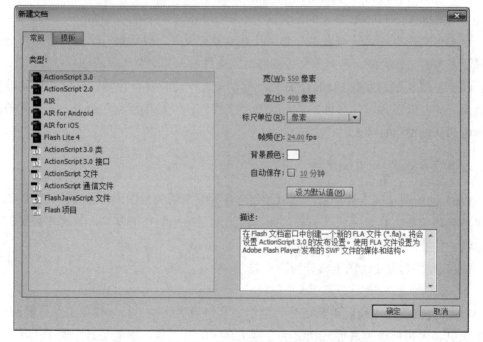

图 4-5 "新建文档"对话框

提示

在启动界面和"新建文档"对话框中还可以通过"从模板创建"栏选择通过模板新建文件。

（2）保存文件。如果是新建的 Flash 文件,则选择"文件"→"保存"命令,在打开的"另存为"对话框中设置保存位置、文件名、保存类型等选项,最后单击"保存"按钮。

对已经保存过的文件,若不要覆盖,可以选择"文件"→"另存为"命令,在打开的"另存为"对话框中更改文件的保存选项即可将文件保存为一个新文件。

（3）打开文件。要打开保存过的 Flash 文件,可以选择"文件"→"打开"命令,在"打开"对话框的"查找范围"列表框中选择文件的保存位置,单击要打开的文件名,最后单击"打开"按钮。

（4）导入/导出文件。Flash 提供了导入文件和导出文件的功能,方便利用外部的素材设计动画,或者将动画的内容导出成图片或视频等文件。

选择"文件"→"导入"→"导入到舞台"命令,导入后文件将显示在舞台中;选择"文件"→"导入"→"导入到库"命令,导入的文件会显示在"库"面板中;选择"文件"→"导入"→"打开外部库"命令,可以打开其他文件中的库;选择"文件"→"导入"→"导入视频"命令,可在舞台中显示视频文件。

选择"文件"→"导出"命令,在级联菜单中选择相应的命令,可以将文件导出为 GIF 图像或影片,这样即使在没有安装 Flash Player 的计算机上也可以播放动画。

（5）发布文件。设计完成后的 Flash 作品可以发布为多种类型的文件,例如发布成 SWF 格式的动画、HTML 格式的网页文件、EXE 格式的可执行文件等。

单击"文件"→"发布设置"命令打开"发布设置"对话框,通过"格式"选项卡选择要发布的文件类型、各类型文件发布时的文件名、文件发布后的保存位置。

（6）发布预览。发布 Flash 作品前,可以先进行动画发布预览,以便测试动画的播放效果。先打开要预览的文件,然后选择"文件"→"发布预览"命令,在打开的级联菜单中选择要预览的格式。

4.2.2 图形绘制与编辑

Flash 的绘图功能十分丰富,可以绘制出各种复杂的矢量图形,主要通过绘图工具箱提供的各种绘图工具来完成。另外,图形的绘制是动画制作的基础,只有掌握了这些绘图方法,才能制作出丰富多彩的动画。

Flash 提供的主要绘图工具分为四大类。

1. 基本绘图工具

Flash 提供的基本绘图工具可分为两组：几何形状绘制工具（线条工具、椭圆工具、矩形工具、多角星形工具等）和徒手绘制工具（铅笔工具、钢笔工具、刷子工具、橡皮擦工具等）。可以直观地根据基本绘图工具的名称知道其作用,如图 4-6 所示。

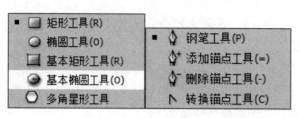

图 4-6　几何形状绘制工具及钢笔工具

2. 选择工具

Flash 提供的选择工具包括部分选取工具、套索工具、选择工具。利用这些工具，可以在 Flash 的绘图空间选择元素，捕捉和调整形状或者线条的局部形状。

3. 修改图形工具

Flash 提供的修改图形工具也可分为两组：填充工具（滴管工具、颜料桶工具、墨水瓶工具、"颜色"面板等）和变形工具（渐变变形工具、任意变形工具等），如图 4-7 所示。前者用于给图形填充颜色，后者用于更改线条和填充效果，如扭曲、拉伸、旋转和移动图形等。

图 4-7　修改图形工具

4. 文本工具

Flash 还专门提供了文本工具用于在图形中输入和编辑文字，并可随时随地在动画中按用户的需要显示精美的文字，达到图文并茂的效果。

以上工具有很多选项和参数设置，实际使用起来要复杂一些。本节将通过几个案例由浅入深地介绍这些工具的使用。

课堂案例 1　绘制"树叶"

本案例使用钢笔工具、线条工具、铅笔工具、刷子工具、任意变形工具来绘制树叶，效果图如图 4-8 所示。

第 4 章课堂案例 1 演示

图 4-8　树叶效果图

（1）新建一个空白文档，选择"修改"→"文档"命令打开"文档设置"对话框，在其中可以对舞台的大小及背景颜色进行设置，本例使用默认设置。

（2）单击工具箱中的"钢笔工具"按钮，然后修改"笔触颜色"为深绿色，"填充颜色"为浅绿色，为了便于填充颜色，还要取消选中"对象绘制"按钮 ⬙，并把"属性"面板中的"钢笔工具"的"笔触粗细"修改为2。

（3）绘制一片树叶。在舞台的合适位置单击创建第1个锚点，在第1个锚点的正下方单击并水平向右拖动创建第2个锚点，画出一条曲线，如图4-9（a）所示。然后单击第1个锚点形成封闭图形，如图4-9（b）所示。单击"颜料桶工具"按钮，填充封闭区域，如图4-9（c）所示。单击"线条工具"按钮并单击"紧贴至对象"按钮，在树叶的上部和底部之间绘制一条直线作为树叶的主叶脉，如图4-9（d）所示。单击"选择工具"按钮，将鼠标指针放在直线上，当光标变成带弧线的箭头时，按住鼠标左键并微微拖动，使直线变成曲线，如图4-9（e）所示。单击"线条工具"按钮，设置"笔触粗细"为1，绘制出叶片的全部叶纹，如图4-9（f）所示。

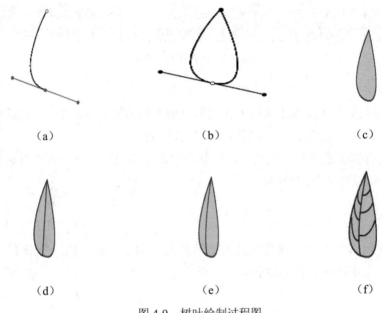

（a）　　　　　　　　　（b）　　　　　　　　　（c）

（d）　　　　　　　　　（e）　　　　　　　　　（f）

图4-9　树叶绘制过程图

（4）绘制整枝树叶。单击"选择工具"按钮，拉一个矩形框选中整个叶片，如图4-10（a）所示。按住Ctrl键不放并拖动叶片，每拖动一次便可复制出一片树叶，共复制6片。单击"任意变形工具"按钮，调整6片树叶的大小及位置，如图4-10（b）所示。单击"线条工具"按钮，设置"笔触粗细"为1.5，"笔触颜色"为棕色，绘制每片树叶的叶柄。

（5）单击"刷子工具"按钮，选择"平滑绘图"模式，设置"线条颜色"为棕色，"笔触粗细"为3，绘制树叶的枝，最终效果如图4-8所示。最后选择"文件"→"保存"命令保存文件。

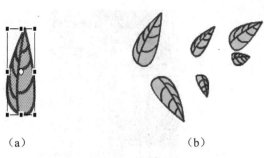

（a）　　　　　　　　　　　　（b）

图 4-10　绘制整枝树叶效果图

操作技巧

　　当使用选择工具来选择图形时，单击可将图形与边框线分别选择，双击可将对象整体选定；拖曳可对部分图形进行选择。选择工具也可用来改变形状，当选择工具黑色小箭头下出现"小弧线"时，就可将直线调整为任意弧线。

课堂案例 2　"碧蓝的天空，树与草地"场景设计

　　本案例使用了椭圆工具、铅笔工具、钢笔工具、线条工具、任意变形工具，效果如图 4-11 所示。

第 4 章课堂
案例 2 演示

图 4-11　场景效果图

　　（1）新建一个空白文档，选择"修改"→"文档"命令打开"文档设置"对话框，在其中设置舞台大小为 550×400，背景颜色为白色。

　　（2）新建一个图层并将其重新命名为"天空"。在"混色器"面板中重新设置填充颜色，填充类型设置为"线性"渐变，渐变颜色设置为从深蓝色到浅蓝色再到白色的变化，如图 4-12 所示。

图 4-12　天空颜色的设置

（3）在"天空"图层上，选择"矩形工具"在舞台上部画一个长方形，填充上一步设置的渐变颜色，然后使用"渐变变形工具"进行调整，调整不合适时用"选择工具"选择矩形边框并删除，效果如图 4-13 所示。

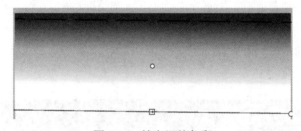

图 4-13　填充调整色彩

（4）新建一个图层并将其重新命名为"草地"。用"钢笔工具"在舞台的合适位置单击创建第 1 个锚点并绘制出草地轮廓，如图 4-14 所示，然后填充为绿色。

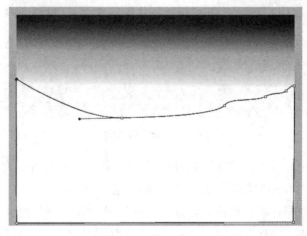

图 4-14　草地轮廓图

（5）新建一个图层并将其重新命名为"小路"。用"钢笔工具"在舞台的合适位置单击创建第 1 个锚点并绘制出蜿蜒小路的轮廓，这里一定要注意勾绘出的小路要闭合，最后填充为棕色，如图 4-15 所示。读者可自由设计小路的形状，不满意的地方还可借助"选择工具"指向边缘处调整小路的形状。

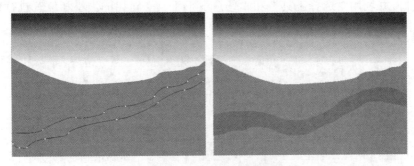

图 4-15　蜿蜒小路效果图

（6）新建一个图层并将其重新命名为"树"。由于在场景里要反复调用"树"，因此应把"树"定义成元件。

（7）选择"插入"→"新建元件"命令打开"创建新元件"对话框，设置新元件的名称为"树"，类型为"图形"，如图 4-16 所示。设置"笔触颜色"为无，"填充颜色"为绿色，然后使用"椭圆工具"绘制出树的上部，在绘制过程中要借助"选择工具"来调整树的形状，再用"刷子工具"绘制树干部分，最后将它们合成在一起，如图 4-17所示。

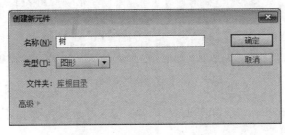

图 4-16　新建"树"元件

图 4-17　绘制"树"效果图

（8）在舞台中选中"树"图层，再选中图层的第 1 帧空白帧。选择"窗口"→"库"命令或者按 Ctrl+L 组合键打开"库"对话框，把"树"元件拖到舞台中。单击"选择工具"按钮，选中整棵树。按住 Ctrl 键不放，拖动"树"元件。每次拖动可复制出一棵树，共复制 6 棵，并利用"选择工具"和"任意变形工具"对树的大小和位置进行调整，效果如图 4-18 所示。

图 4-18　场景图层分布效果图

（9）同样，读者可自由绘制并设计"石头"等其他元素，这里不再赘述。

操作技巧

渐变变形工具：要使用该工具应先把颜色调为渐变色，然后用颜料桶着色，再使用渐变变形工具进行渐变变形调整。

鼠绘操作技巧

1．点画技法

一般可以先用"刷子工具"画出树的主枝干，然后将笔刷的颜色换为绿色，进行点画；接着可在工具下方改变笔刷的刷子大小和刷子形状，颜色也选稍淡些，再一层层进行点画，突显其层次感，从而绘制一棵树，如图 4-19 所示。

图 4-19　点画技法分步图

2. 图形组合法

图形组合法就是用不同的图形进行组合的一种方法，读者可充分发挥自己的想象力。

注意

选中要组合的图形后按 Ctrl+G 键组合图形，按 Ctrl+B 键打散图形。如图 4-20 所示为绘制的形态各异的大树。

图 4-20　形态各异的大树

3. 拟人法

一般先构建基本形状，再把画人物的手法运用到形状或植物里面去。比如，加上眼睛、鼻子、嘴巴、人物的神情等，使卡通形象、植物等更加丰富多彩，更有趣。如图 4-21 所示为绘制的"月亮姐姐"和"大树哥哥"。

图 4-21　"月亮姐姐"和"大树哥哥"效果图

课堂案例 3　绘制"花朵"

第 4 章课堂案例 3 演示

本案例使用椭圆工具、铅笔工具、线条工具、任意变形工具、"变形"面板和"对齐"面板制作花朵，效果图如图 4-22 所示。

（1）新建一个空白文档，选择"修改"→"文档"命令打开"文档设置"对话框，在其中设置舞台大小为 400×400，背景颜色为白色。

（2）绘制"花瓣"元件。选择"插入"→"新建元件"命令打开"创建新元件"对话框，设置新元件的名称为"花瓣"，类型为"图形"。设置"笔触颜色"为黑色，"填充颜色"为无，然后使用"椭圆工具"和"铅笔工具"来绘制花瓣的轮廓。在绘制过程中要借助"选择工具"调整线条的形状及花瓣的轮廓线。设置"颜色"面板中的"填充颜色"，填充类型为"放射状"填充，左端"色标"为白色，右端"色标"为淡紫色，填充花瓣后删除花瓣外的轮廓线，效果如图 4-23 所示。

图 4-22　花朵效果图　　　　　　　　　图 4-23　　"花瓣"元件效果图

（3）绘制"花朵 1"元件。选择"插入"→"新建元件"命令打开"创建新元件"对话框，设置新元件的名称为"花朵 1"，类型为"图形"。按 Ctrl+L 组合键或者选择"窗口"→"库"命令打开"库"面板，把"花瓣"元件从"库"中拖到舞台中央。按 Ctrl+T 组合键或者选择"窗口"→"变形"命令打开"变形"面板。选中"工具箱"中的"任意变形工具"，单击舞台上的"花瓣"元件并把变形中心调整到花瓣的底端，如图 4-24 所示。在"变形"面板的"旋转"项中输入 30，单击"重制选区和变形"按钮 11 次，最后"花朵 1"的效果图如图 4-25 所示。

图 4-24　调整变形中心到花瓣的底端及变形设置　　　　　图 4-25　　"花朵 1"效果图

注意

变形时如果出现扭曲或其他情况，可单击"重置"按钮还原。

（4）绘制"花朵 2"元件。选择"插入"→"新建元件"命令打开"创建新元件"对话框，设置新元件的名称为"花朵 2"，类型为"图形"。把"花朵 1"元件从"库"中拖到舞台中央。

按 Ctrl+K 组合键或者选择"窗口"→"对齐"命令打开"对齐"面板。勾选"与舞台对齐"复选框,单击"水平中齐"和"垂直中齐"按钮使"花朵 1"位于舞台正中央。选择"窗口"→"属性"命令打开"属性"面板,设置 Alpha(即透明度)为 30%,如图 4-26 所示。

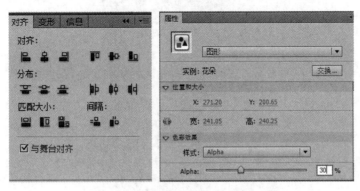

图 4-26 "对齐"面板及"属性"设置

(5)单击"时间轴"面板上的"插入图层"按钮新建图层 2,单击图层 2 的第 1 帧,把"花朵 1"元件从"库"中拖到舞台上,使用"对齐"面板中的工具使其位于舞台中央。单击"工具箱"中的"任意变形工具"按钮,使图层 2 的"花朵 1"旋转一定的角度并修改其透明度为 50%,效果如图 4-27 所示。

图 4-27 "花朵 2"效果图

(6)新建图层 3,单击图层 3 的第 1 帧,单击"工具箱"中的"椭圆工具",设置"属性"面板中的"笔触颜色"为无,"填充颜色"为黄色,绘制花心,最终效果参见图 4-22。

4.2.3 导入外部素材

当我们在进行动画创作时,如果已通过其他软件制作好了所需要的图形图像、音频、视频素材,或者已通过 Internet 下载收集到所需的素材,则可以在 Flash 中导入这些素材,直接进行动画制作。

1. 库

Flash 文档中的库存储了在 Flash 中创建或在文件中导入的媒体资源,如元件、位图、视频、声音等。选择"窗口"→"库"命令或者按 Ctrl+L 组合键，即可打开"库"面板，如图 4-28 所示。

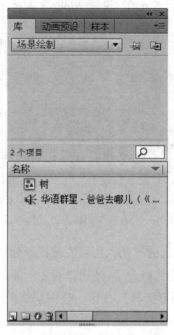

图 4-28　"库"面板

- 标题栏：显示当前文件的文件名。单击右上角的"菜单"按钮 可以弹出快捷菜单，选择相应的命令单击操作。
- 预览窗口：单击项目列表里的某个项目，即可在此窗口中预览效果。
- "新建元件"按钮 ：单击此按钮可打开"创建新元件"对话框，如图 4-29 所示，相当于选择"插入"→"新建元件"命令。

图 4-29　"创建新元件"对话框

- "新建文件夹"按钮 ：单击此按钮可以创建管理元件的文件夹，用来分类保存库中的元件，便于对元件进行管理。
- "属性"按钮 ：单击此按钮可以打开"元件属性"对话框查看和修改库中的元件。
- "删除"按钮 ：用来删除库中的文件和文件夹。

2. 元件

元件是动画中比较特殊的对象，它在 Flash 中创建一次便可以在整个文档或其他文档中反复使用。元件可以是图形、按钮、动画等，对元件的编辑和修改可以直接应用于文档中所有应用该元件的实例。在 Flash 中有 3 种类型的元件：图形元件、按钮元件和影片剪辑元件。

（1）创建图形元件。创建元件的方法有 3 种：将对象转换成元件、通过菜单命令创建元件、通过"库"面板创建新元件。

将对象转换为元件的方法很简单，首先在舞台上选择需要转换成元件的对象，然后在对象上右击，在弹出的快捷菜单中选择"转换为元件"命令，接着在打开的"转换为元件"对话框中设置元件属性，最后单击"确定"按钮，如图 4-30 所示。

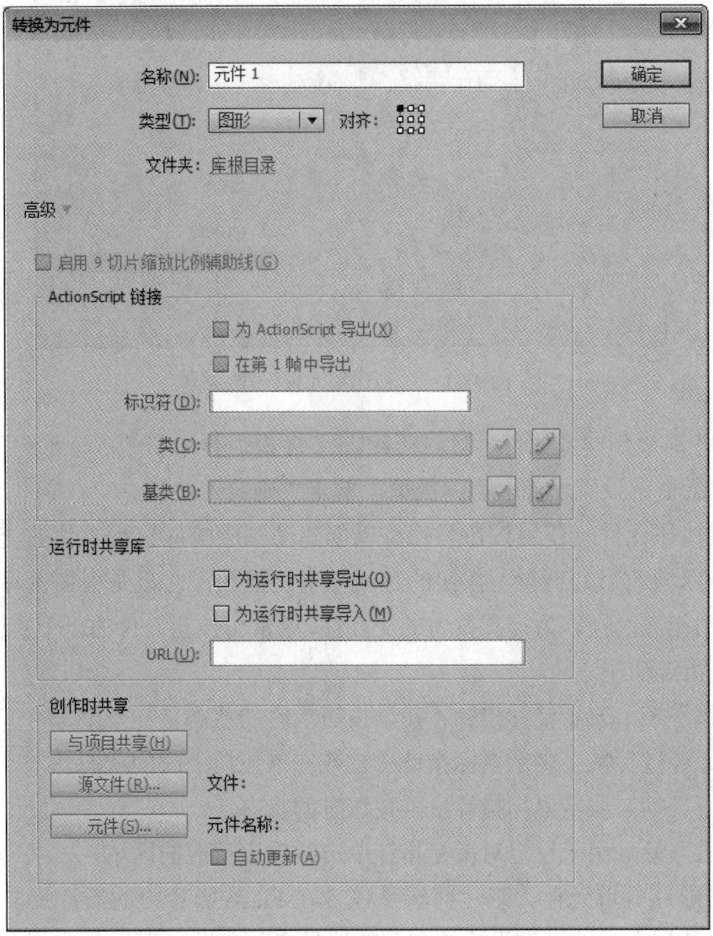

图 4-30   "转换为元件"对话框

通过菜单命令创建元件，可以选择"插入"→"新建元件"命令或者按 Ctrl+F8 组合键打开"创建新元件"对话框，设置元件的名称、类型，然后单击"确定"按钮，如图 4-31 所示。

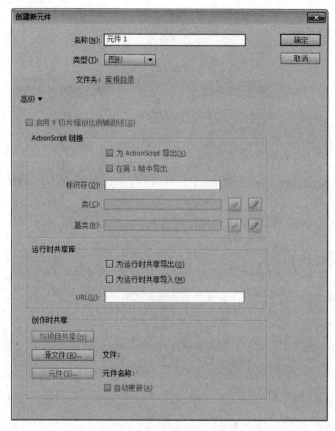

图 4-31　"创建新元件" 对话框

通过"库"面板创建新元件，可以打开"库"面板后再单击"新建元件"按钮打开"创建新元件"对话框，设置元件名称、类型，单击"确定"按钮。

（2）创建按钮元件。使用按钮元件可以创建动画中响应鼠标事件的交互按钮。按钮实际上是一个四帧的影片剪辑，按钮的时间轴不能播放，它只是根据鼠标指针的动作做出响应，跳转到相应的帧。为提高按钮的交互性，通常将按钮元件的一个实例放在舞台内，然后给该实例指定动作。

● "弹起"帧：表示鼠标指针不在该按钮上时的状态。

● "指针经过"帧：表示鼠标指针滑过或在该按钮上时的状态。

● "按下"帧：表示鼠标指针单击按钮时的状态。

● "单击"帧：用来设定对鼠标指针单击时做出反应的区域。

（3）创建影片剪辑元件。影片剪辑是包含在 Flash 影片中的影片片段，有自己的时间轴和属性，具有交互性，是用途最广、功能最多的部分，可以包含交互控制、声音以及其他影片剪辑的实例，也可以将其放置在按钮元件的时间轴中制作动画按钮。

要通过菜单命令创建影片剪辑元件，可以选择"插入"→"元件"命令或者按Ctrl+F8 组合键打开"创建新元件"对话框，设置元件的名称、类型，然后单击"确定"按钮，如图 4-32 所示。

图 4-32　创建"影片剪辑"元件

（4）调用其他库中的元件。Flash 可以打开其他文档中的库，从而调用这个库中的元件。选择"文件"→"导入"→"打开外部库"命令，在打开的对话框中选择相应的影片文件，单击"打开"按钮，出现该影片文件的"库"面板。在"库"面板中选择相应的元件，将其拖至舞台中，这时即可将该元件复制到当前影片文件的库中。

3. 实例

创建元件后就可以将元件应用到舞台上。元件一旦从库中被拖到舞台上，就成为了元件的实例。在文档的所有地方都可以创建实例，一个元件可以创建多个实例，并且每个实例都有各自的属性。

4. 导入图片

Flash 可以导入各种常见的矢量和位图格式文件。它能将图片导入到当前文档的舞台中，也可以导入到当前文档的库中。

（1）导入位图。Flash 可以对导入的位图进行修改并以各种方式在文档中使用。导入位图的操作步骤如下：

1）选择"文件"→"导入"→"导入到舞台"命令打开"导入"对话框，如图 4-33 所示。

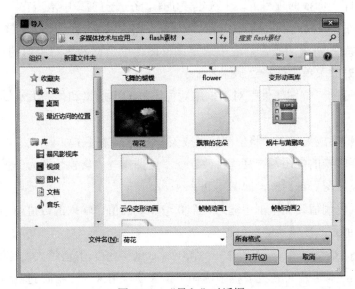

图 4-33　"导入"对话框

2）在其中选择要导入的图片，单击"打开"按钮，可以将选中的图片导入到舞台中。

3）也可以选择"文件"→"导入"→"导入到库"命令打开"导入到库"对话框，在其中选择导入到库的图片，单击"打开"按钮导入到"库"面板中，如图 4-34 所示。

图 4-34　导入图片到"库"面板

（2）设置位图属性。对库中的位图进行属性设置有以下 4 种方法：

● 在"库"面板的项目列表中双击该位图文件名称前的图标。

● 在"库"面板的项目列表中选定该位图，在预览窗口中双击它。

● 在"库"面板的项目列表中右击该位图，在弹出的快捷菜单中选择"属性"命令。

● 在"库"面板的项目列表中选定该位图，单击标题栏右上角的"菜单"按钮，在打开的菜单中选择"属性"命令。

接着在打开的"位图属性"对话框中对位图的输出质量和体积大小等进行设置，如图 4-35 所示。

（3）位图转换成矢量图。将位图转换成矢量图的具体操作如下：

1）选中要转换的位图，选择"修改"→"位图"→"转换位图为矢量图"命令打开"转换位图为矢量图"对话框，如图 4-36 所示。

2）在"颜色阈值"文本框中输入一个 0～500 的值。输入的数值越小，被转换的颜色越多；数值越大，被转换的颜色越少。

3）在"最小区域"文本框中输入一个 0～1000 的值。取值越大，转换色块越大。

4）在"曲线拟合"下拉列表框中选择一个选项，用来确定绘制的轮廓的平滑程度。

5）在"角阈值"下拉列表框中选择一个选项，用来确定是保留锐边还是进行平滑处理。

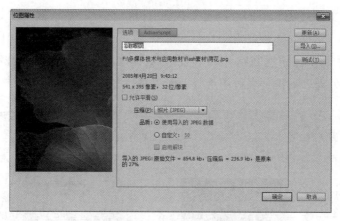

图 4-35 "位图属性"对话框

图 4-36 "转换位图为矢量图"对话框

5. 导入视频

Flash 支持多种视频格式，包括 MOV、AVI、MPG/MPEG、WMV、FLV 等。导入视频的具体操作步骤如下：

（1）选择"文件"→"导入"→"导入视频"命令打开"导入视频"对话框，如图 4-37 所示。

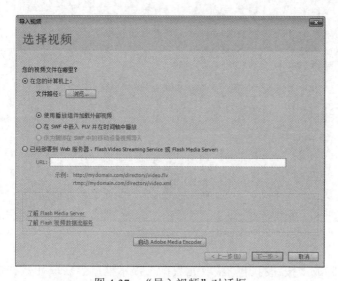

图 4-37 "导入视频"对话框

（2）单击"文件路径"后的"浏览"按钮打开"打开"对话框，在其中选择要导入的视频文件。

（3）单击"打开"按钮返回到"导入视频"对话框，单击"下一步"按钮进入"设定外观"界面，在"外观"下拉列表框中选择一种外观，如图 4-38 所示。

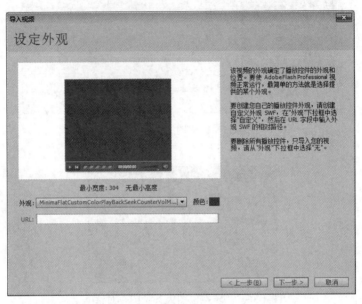

图 4-38　设定外观

（4）单击"下一步"按钮进入"完成视频导入"界面，如图 4-39 所示。

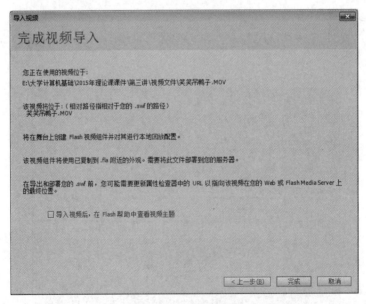

图 4-39　完成视频导入

（5）单击"完成"按钮打开"获取元数据"提示框，当获取元数据进度完成后在舞台中就会显示导入的视频。

（6）选择"文件"→"保存"命令打开"另存为"对话框，输入文件名，保存文件。按 Ctrl+Enter 组合键或者选择"控制"→"测试影片"命令，测试动画播放效果，即可看到视频播放。

6. 导入声音

Flash 除了能够使用内置的声音外，还可以导入多种格式的声音文件，一个好的音乐能让动画增色不少。常用的声音格式为 WAV 和 MP3。

（1）选择"文件"→"导入"→"导入到库"命令打开"导入到库"对话框，如图 4-40 所示。

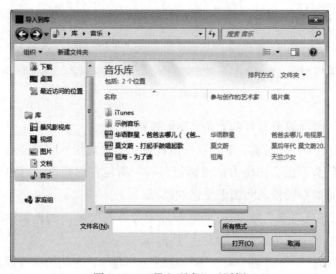

图 4-40 "导入到库"对话框

（2）在其中选择要导入的声音文件，单击"打开"按钮即可将文件导入到"库"面板中。如果选择库中的一个声音，在预览窗口中就会看到声音的波形，如图 4-41 所示。

图 4-41 导入声音文件到"库"

（3）在"库"面板中选择导入的声音文件，选中某帧，单击面板中的声音文件将其拖到该帧中，即可导入声音。

4.2.4 逐帧动画制作

1. 时间轴

时间轴是 Flash 中最重要、最核心的部分，用于组织和控制动画在一定时间内播放的层数和帧数。时间轴主要由图层、帧和播放头组成，如图 4-42 所示。

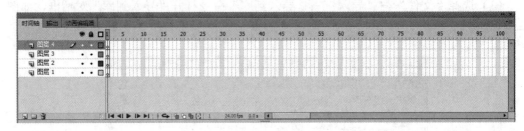

图 4-42　时间轴

在"时间轴"面板的下方有以下 4 个功能按钮：

● "绘图纸外观"按钮▦：单击该按钮将在显示选定帧的同时显示其前后数帧的内容。播放头周围会出现方括号标记，其中所包含的帧都会同时显示出来，这样有利于观察不同帧之间图形变化的过程。

● "绘图纸外观轮廓"按钮▣：可以显示对象在每个帧下的外观轮廓，同样用于查看对象在产生动画效果时的变化过程。

● "编辑多个帧"按钮▣：可以编辑绘图纸外观标记之间的所有帧。

● "修改标记"按钮▣：用于修改绘图纸标记的属性，单击该按钮会弹出菜单。

2. 帧

在时间轴中，使用帧来组织和控制文档的内容。在时间轴中放置帧的顺序将决定帧内对象最终的显示顺序。不同内容的帧串联就组成了动画。

（1）普通帧。普通帧主要是过滤和延续关键帧内容的显示。在时间轴中，普通帧一般是以空心方格表示的，每个方格占用一个帧的动作和时间。

（2）关键帧。关键帧是用来定义动画变化的帧。在动画播放时，关键帧会呈现出主要的动作或内容上的变化。在时间轴中关键帧显示为实心圆●，关键帧中的对象与前后帧中的对象的属性是不同的。

（3）空白关键帧。空白关键帧中没有任何对象存在，如果在空白关键帧中添加对象，它会自动转换为关键帧。同样，如果将某个关键帧中的全部对象删除，则此关键帧会变为空白关键帧。在时间轴中空白关键帧是以空心圆○表示的。

（4）帧频率。帧频率是动画播放的速度，以每秒播放的帧数为度量。帧频太慢会使动画看起来不连贯，帧频太快会使动画的细节变得模糊。默认情况下，Flash 动画为每秒12 帧的帧频。选择"修改"→"文档"命令打开"文档设置"对话框，在"帧频"文本框中输入帧的频率，如图 4-43 所示；或者双击"时间轴"面板下的"帧频率"标签，直接输入频率值。

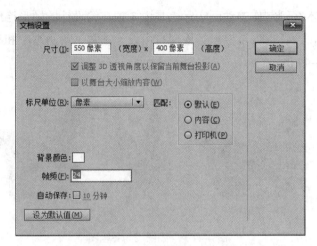

图 4-43　"文档设置"对话框

3. 帧的基本操作

（1）插入帧。在"时间轴"面板中插入帧有以下几种情况：

● 插入普通帧。单击要插入帧的位置，再选择"插入"→"时间轴"→"帧"命令或者按 F5 键。还可以在要插入帧的位置右击，然后在弹出的快捷菜单中选择"插入帧"命令。

● 插入关键帧。单击要插入关键帧的位置，再选择"插入"→"时间轴"→"关键帧"命令或者按 F6 键。还可以在要插入帧的位置右击，然后在弹出的快捷菜单中选择"插入关键帧"命令。

● 插入空白关键帧。单击要插入空白关键帧的位置，再选择"插入"→"时间轴"→"空白关键帧"命令或者按 F7 键。还可以在要插入帧的位置右击，然后在弹出的快捷菜单中选择"插入空白关键帧"命令。

（2）复制帧。选中要复制的帧并右击，在弹出的快捷菜单中选择"复制帧"命令，或者选择"编辑"→"复制"命令。复制帧以后，再选择"编辑"→"粘贴"命令，将复制的帧粘贴到新的位置并覆盖原来的内容。

（3）移动帧。选中要移动的帧，按住鼠标左键拖动其到目标位置；或者选中要移动的帧后右击，在弹出的快捷菜单中选择"剪切帧"命令，然后在目标位置右击，在弹出的快捷菜单中选择"粘贴帧"命令。

（4）删除帧。选中要删除的帧并右击，在弹出的快捷菜单中选择"删除帧"命令，或者直接按 Delete 键。

4. 制作逐帧动画

逐帧动画是最基本的动画方式，与传统动画的制作原理相同，通过向每一帧中添加不同的图像来创建动画，每一帧都是关键帧，都有内容。

第 4 章课堂
案例 4 演示

课堂案例 4   "蝴蝶飞"

本案例制作的动画实际上是由 3 帧自绘设计的图形连续播放产生的动画效果，读者也可以根据其原理自由设计帧数、动画造型和动画效果，每一帧的图形设计如图 4-44 所示。

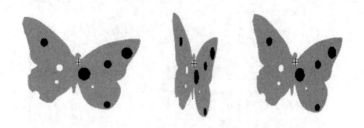

图 4-44   "蝴蝶飞"各帧图

（1）打开本案例"素材"文件夹下的"逐帧动画实例 .fla"，可以看到"库"面板中有 3 张蝴蝶图。

（2）选中"图层 1"的第 1 帧，把库中的 BG 元件即背景拖入舞台并调整大小、然后在第 5 帧按 F5 键插入帧。

（3）新建"图层 2"，这时"图层 2"中自动有 5 个空白帧。同时选中第 2 帧至第 5帧并右击，在弹出的快捷菜单中选择"删除帧"命令。

（4）选中"图层 2"的第 1 帧，将库中的"蝴蝶 1"元件拖放至舞台合适的位置，如图 4-45 所示。

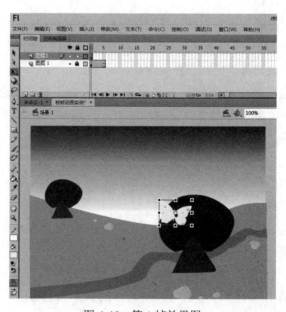

图 4-45   第 1 帧效果图

（5）选中"图层2"的第2帧，按F5键插入帧。

（6）选中"图层2"的第3帧，按F7键插入空白关键帧，将库中的"蝴蝶2"拖放到舞台中同样的位置上，如图4-46所示。

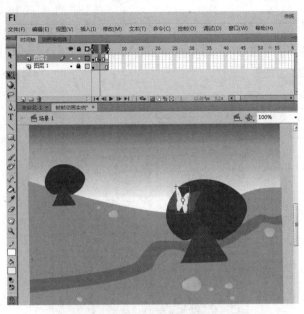

图4-46　第3帧效果图

（7）选中"图层2"的第4帧，按F5键插入帧。

（8）选中"图层2"的第5帧，按F7键插入空白关键帧，将库中的"蝴蝶3"拖放到舞台中同样的位置上，如图4-47所示。

图4-47　第5帧效果图

（9）按 Ctrl+Enter 组合键或者选择"控制"→"测试影片"命令，测试动画播放效果，可以看到一只蝴蝶在树上扇动翅膀。

第 4 章课堂案例 5 演示

课堂案例 5　会打斗的小黄偶

小黄偶的最终效果图如图 4-48 所示。该动画实际上是由 15 帧自绘设计的图形连续播放产生的动画效果，读者也可以自由设计帧数、动画造型和动画效果。

图 4-48　小黄偶的最终效果图

（1）选择"文件"→"新建"命令新建一个空白文档，选择"修改"→"文档设置"命令，在打开的"文档设置"对话框中设置参数，如图 4-49 所示。

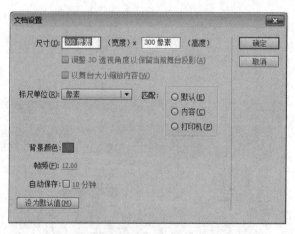

图 4-49　设置文档参数

（2）新建一个图层，本案例应把"眼睛"单独放置在一层，把身体其他部分单独放置在一层。

（3）选择"插入"→"新建元件"命令打开"创建新元件"对话框，新建"元件 1"

并在编辑窗口中绘制如图 4-50 所示的图形。

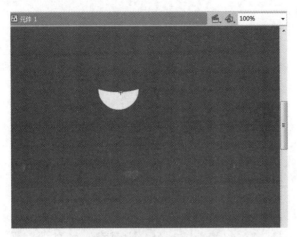

图 4-50　小黄偶的上部

（4）新建"元件 2"并绘制一个圆作为眼睛，如图 4-51 所示。

（5）新建"元件 3"并绘制一根粗的弧线作为脚，如图 4-52 所示。

图 4-51　小黄偶的眼睛

图 4-52　小黄偶的脚

（6）新建"元件 4"并绘制如图 4-53 所示的图形作为头部。

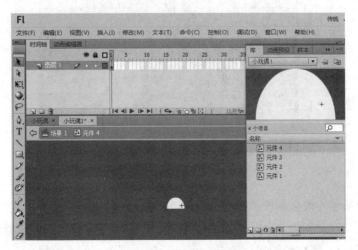

图 4-53　小黄偶的头部

（7）在每一帧里导入各元件并组合成自己想要的小黄偶形态，共15帧。第1帧的效果如图 4-54 所示。

图 4-54　第 1 帧效果图

（8）第 2 帧的效果如图 4-55 所示。

图 4-55　第 2 帧效果图

（9）其余各帧的效果如图 4-56 所示。

（10）最后的"时间轴"面板如图 4-57 所示。按 Ctrl+Enter 组合键或者选择"控制"→"测试影片"命令，测试动画播放效果，可以看到一只会动的小黄偶。

图 4-56　其余各帧效果图

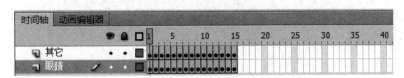

图 4-57　"时间轴"面板

4.2.5　动作动画制作

1. 动作动画的原理

在一个特定点定义一个实例、组、文件块、元件的位置、大小、旋转等属性，然后在其他的点更改这些属性，Flash 能在它们之间的帧内插值或者内插图形，从而产生动画效果。

动作动画可以实现目标对象的颜色、位置、旋转角度、透明度的变化。在制作动画时，只需要在时间轴上添加开始关键帧和结束关键帧，然后通过舞台更改关键帧的对象属性，接着创建传统补间动画即可。传统补间动画用位于时间轴上动画的开始帧与结束帧之间区域的一个淡紫色的连续箭头表示。

2. 动作动画的属性设置

在创建了传统补间动画后，即可通过"属性"面板设置动画的属性，如缩放、旋转、缓动等。

- 缓动：用于设置动画的运动快慢效果，在文本框中输入缓动值来设置。值大于 0，运动速度先快后慢，即减速运动；值小于 0，运动速度先慢后快，即加速运动；值为 0，运动匀速进行。单击"编辑缓动"按钮 ，可以在图 4-58 所示的"自定义缓入 / 缓出"对话框中自行定义缓动的方式。

- 旋转：用于设置关键帧的对象在运动过程中的旋转，包括 4 个选项："无"代表不旋转；"自动"代表对象以最少运动为原则自动旋转；"顺时针"代表指定对象按顺时针进行旋转；"逆时针"代表指定对象按逆时针进行旋转。在其右边有一个文本框，用来设置旋转的次数。

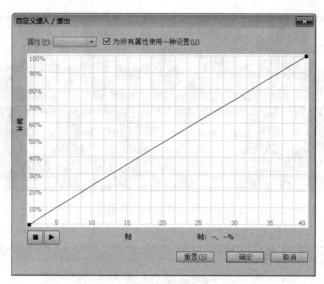

图 4-58   "自定义缓入 / 缓出"对话框

- ● 贴紧：勾选此复选框可以使对象贴紧到辅助线上。
- ● 调整到路径：将靠近路径的对象移到路径上。
- ● 同步：使对象动画与主动画保持同步。
- ● 缩放：可以使对象实现尺寸的变化。

3. 制作动作动画

第 4 章课堂
案例 6 演示

课堂案例 6   "旋转飘落的花朵"

本案例要实现一朵美丽的花朵从空中一边旋转一边飘落下来的动画效果，最终效果图如图 4-59 所示。

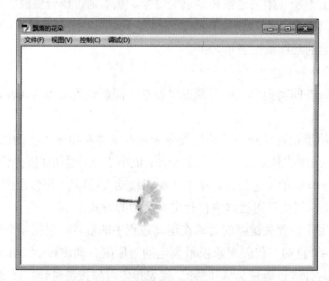

图 4-59   "旋转飘落的花朵"效果图

（1）新建一个空白文档，导入一幅花朵图片到舞台并调整图片的大小和位置，将花朵移至舞台左上角（如图 4-60 所示），再将图片转换为元件。

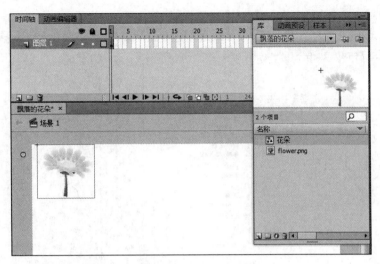

图 4-60　第 1 帧效果图

注意

要实现运动动画，对象必须是元件。

（2）选择第 55 帧，按 F6 键插入关键帧，然后将花朵图形元件移到舞台的右下角，如图 4-61 所示。

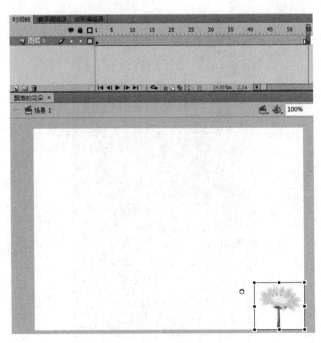

图 4-61　第 55 帧效果图

（3）右击第 1～55 帧之间的任意帧，在弹出的快捷菜单中选择"创建传统补间"命令，如图 4-62 所示。

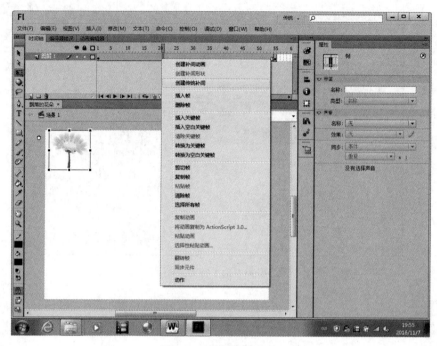

图 4-62　右键快捷菜单

（4）选择第 1 帧，在打开的"属性"面板中设置旋转方式为"顺时针"，旋转数为 2，如图 4-63 所示。

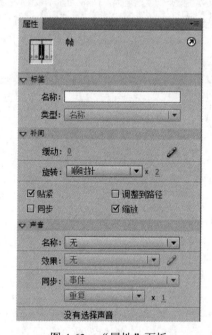

图 4-63　"属性"面板

（5）按 Ctrl+Enter 组合键或者选择"控制"→"测试影片"命令，测试动画播放效果。

4.2.6 形状补间动画制作

1. 形状补间动画的原理

在一个关键帧中绘制一个形状，然后在另一个关键帧中更改该形状或绘制另一个形状，Flash 根据二者之间的帧值或形状来创建形状补间动画。形状补间动画用位于时间轴上动画的开始帧与结束帧之间区域的一个绿色的连续箭头表示。

2. 构成形状补间动画的元素

形状补间动画可以实现两个图形之间颜色、形状、大小、位置的相互变化，使用的元素为形状，如果使用图形元件、按钮、文字，则必须先"分离"才能创建形状补间动画。

3. 制作形状补间动画

通过形状补间可以创建类似于形状渐变的效果，使一个形状可以渐变成另一个形状。

课堂案例 7 "飘动的白云"

第 4 章课堂
案例 7 演示

本案例要实现一朵白色的云朵在空中轻轻飘动的效果，最终效果图如图
4-64 所示。

图 4-64 "飘动的白云"效果图

（1）打开本案例"素材"文件夹下的"变化的云彩 .fla"，导入库中的 bg 图片，在时间轴的第 50 帧按 F5 键插入帧。

（2）新建一个图层，命名为"云朵"，在时间轴的第 1 帧绘制白云的形状，如图
4-65 所示。

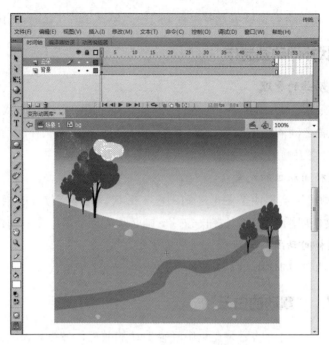

图 4-65　绘制白云效果图

（3）在"云朵"图层的第 50 帧右击并选择"插入空白关键帧"命令或按 F7 键插入空白关键帧，然后在这一帧中绘制另一朵任意形状的白云。

（4）在第 1～50 帧之间任意选择一帧并右击，在弹出的快捷菜单中选择"创建补间形状"命令，效果图如图 4-66 所示。

图 4-66　创建补间形状后的效果图

（5）按 Ctrl+Enter 组合键或者选择"控制"→"测试影片"命令，测试动画播放效果。

4.2.7 引导动画制作

动作动画和形状补间动画只能使对象产生直线方向的运动，而对于一个曲线运动就必须使用引导动画。引导动画实际上是在动作补间动画的基础上添加一个引导图层，该图层有一条可以引导对象运动路径的引导线，使另一个图层中的对象依据此引导线进行运动的动画。

1. 图层的基本概念

如果说帧是时间上的概念，不同内容的帧串联起来组成了运动的动画，那么图层就是空间上的概念，图层中放置了组成 Flash 动画的所有对象。

可以把图层看成是堆叠在一起的多张透明纸。在工作区中，当图层上没有任何内容时，可以透过上面的图层看到下面图层上的图像。用户可以通过图层组合出各种复杂的动画。

图层位于"时间轴"面板的左侧，如图 4-67 所示。通过在时间轴上单击图层名称可以激活相应的图层。在激活的图层上编辑对象和创建动画不会影响其他图层上的对象。

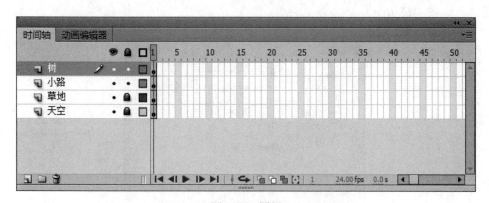

图 4-67　图层

2. 图层的基本操作

默认情况下，新建图层是按照创建的顺序来命名的，用户可以根据需要对图层进行移动、复制、重命名、删除和隐藏等操作。

（1）新建图层。新建的影片只有一个图层，可以根据需要增加多个图层。一般为了便于编辑会把一个对象放置在一个图层中。插入图层有以下 3 种方法：

- 单击"时间轴"面板底部的"新建图层"按钮。
- 在"时间轴"面板中已有的图层上右击，在弹出的快捷菜单中选择"插入图层"命令。
- 选择"插入"→"时间轴"→"图层"命令。

（2）重命名图层。

（3）改变图层顺序。选中要移动顺序的图层，按住鼠标左键并拖动，图层以一条粗横线表示，拖动其到相应的位置后松开鼠标左键，则该图层被移到新的位置。

（4）锁定和解锁图层。锁定图层可以避免在编辑其他图层时修改本图层。单击需要锁定的图层名称右侧的"圆点"按钮，使其变成 🔒 ，该图层即被锁定，再次单击该按钮便可解除锁定。单击"锁定或解除锁定所有图层"按钮 🔒 可以锁定所有图层和文件夹，再次单击它可以解除所有锁定的图层和文件夹。

（5）删除图层。

（6）隐藏图层。在"时间轴"面板中单击"显示或隐藏所有图层"按钮 👁 下方的黑点，黑点对应的图层就会隐藏，再次单击则会显示。

（7）复制图层。

（8）显示轮廓。当舞台上的对象较多时，可以用轮廓线显示的方式来查看对象。单击"时间轴"面板上的"将所有图层显示为轮廓"按钮 ☐ 可以显示所有图层的轮廓，再次单击可以恢复图像显示，如果单击某一图层中的"将所有图层显示为轮廓"按钮可以使该图层以轮廓方式显示，再次单击可以恢复图像显示。

3. 编辑图层属性

选中要修改的图层并右击，在弹出的快捷菜单中选择"属性"命令打开"图层属性"对话框，如图 4-68 所示。

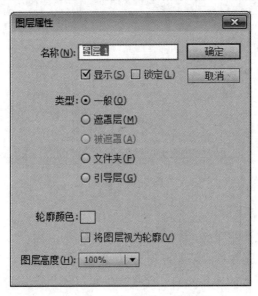

图 4-68　"图层属性"对话框

- 名称：可以输入图层的名称。
- 显示：可以显示或者隐藏图层。
- 锁定：可以锁定图层，锁定的图层不能编辑。
- 类型：用于设置图层的类型。
- 轮廓颜色：单击颜色框可以设置轮廓的颜色。
- 图层高度：用于设置图层在"时间轴"面板中显示的高度。

课堂案例 8　"飞舞的蝴蝶"

本案例要实现一只美丽的蝴蝶在花丛中飞舞的效果。在制作引导动画时，运动元件的中心必须要与引导线重合，否则不能产生效果。最终效果图如图4-69所示。

图 4-69　"飞舞的蝴蝶"效果图

（1）打开本案例"素材"文件夹下的"飞舞的蝴蝶案例 .fla"，将库中的"花丛 .tif"图片拖到舞台中并调整大小，在第 60 帧按 F5 键插入帧，如图 4-70 所示。

图 4-70　导入背景图片后的效果图

（2）新建"图层 2"，选中第 1 帧，将库中元件名为"蝴蝶飞"的影片剪辑拖到舞台的右上角并调整大小和方向，如图 4-71 所示。

· 137 ·

图 4-71　导入蝴蝶后的效果图

（3）选中"图层 2"的第 20 帧并右击，在弹出的快捷菜单中选择"插入关键帧"命令。把蝴蝶移至第一朵花处并调整方向。

（4）选中"图层 2"的第 40 帧右击，在弹出的快捷菜单中选择"插入关键帧"命令。把蝴蝶移至第二朵花处并调整方向，如图 4-72 所示。

图 4-72　第 40 帧效果图

（5）选中"图层 2"的第 60 帧并右击，在弹出的快捷菜单中选择"插入关键帧"命令。把蝴蝶移至第三朵花处并调整方向。

（6）分别在第 1 ～ 20 帧、第 20 ～ 40 帧、第 40 ～ 60 帧之间任意选择一帧并右击，在弹出的快捷菜单中选择"创建传统补间"命令。

（7）选择"图层 2"并右击，在弹出的快捷菜单中选择"添加传统运动引导层"命令，为"图层 2"的蝴蝶添加运动引导层，如图 4-73 所示。

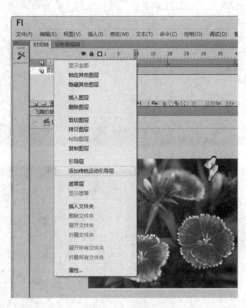

图 4-73　右键快捷菜单

（8）选择引导层中的第 1 帧，在工具箱中选择"铅笔工具"，然后在舞台上绘制一条曲线作为蝴蝶的运动路径，如图 4-74 所示。

图 4-74　绘制路径效果图

（9）选择"图层 2"的第 1 帧，使用"选择工具"将蝴蝶元件移到曲线的右端点并将元件中心放置在曲线上；分别选择"图层 2"的第 20 帧、第 40 帧，调整元件在曲线上的位置和方向；选择"图层 2"的第 60 帧，使用"选择工具"将蝴蝶元件移到曲线的末尾并将元件中心放置在曲线上。各帧的蝴蝶位置如图 4-75 所示。

图 4-75　各帧的蝴蝶位置图

（10）按 Ctrl+Enter 组合键或者选择"控制"→"测试影片"命令，测试动画播放效果。

思考尝试

根据引导动画的原理将上一案例进行拓展，尝试做出蝴蝶飞舞时后面有跟随残影的动态效果，如图 4-76 所示。

图 4-76　蝴蝶飞舞时后面有跟随残影的动态效果图

4.2.8　遮罩动画制作

1. 遮罩层

遮罩层是一种特殊的图层。创建遮罩层后，遮罩层下面图层的内容就像透过一个窗口显示出来一样。在遮罩层中绘制对象时，这些对象具有透明效果，可以把图像位置的背景显露出来。在 Flash 中，使用遮罩层可以制作出一些特殊的动画效果，如聚光灯效果和倒影效果等。

遮罩层上的遮罩项目可以是填充形状、文字对象、图形元件或影片剪辑的实例。可以将多个图层组织在一个遮罩层下创建复杂的效果。

对于用作遮罩的填充形状，可以使用补间形状；对于文字对象、图形元件或影片剪辑，可以使用补间动作。当使用影片剪辑实例作为遮罩时，还可以让遮罩沿着路径运动。

2. 创建遮罩层的方法

● 选中要创建遮罩层的图层并右击，在弹出的快捷菜单中选择"遮罩层"命令。

● 选中要创建遮罩层的图层并右击，在弹出的快捷菜单中选择"属性"命令打开"图层属性"对话框，在"类型"中选择"遮罩层"，单击"确定"按钮。

课堂案例 9　"探照灯"

第 4 章课堂
案例 9 演示

"探照灯"效果图如图 4-77 所示，本案例实现 Flash 中的文字显示有一种被探照灯逐行扫过的效果。

图 4-77　"探照灯"效果图

（1）新建一个文档，大小为 550×400。选择"修改"→"文档"命令，在"文档设置"对话框中修改背景颜色为黑色。

（2）选中"图层 1"的第 1 帧，用"文字工具"输入文本"THIS IS FLASH"，打开其"属性"面板设置颜色、字体、字号，如图 4-78 所示。

（3）选中"图层 1"的第 50 帧，按 F5 键插入帧。

（4）单击"时间轴"面板中的"新建图层"按钮，新建"图层 2"。

图 4-78   "属性"面板

（5）选中"图层 2"的第 1 帧，利用工具箱中的"椭圆工具"绘制一个圆，颜色任选，效果如图 4-79 所示。

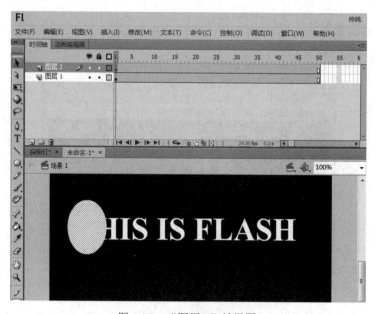

图 4-79   "图层 2"效果图

（6）选中上一步绘制的圆，选择"修改"→"转换为元件"命令，将其转换为元件，名称为"圆"，类型为"图形"。

（7）选中"图层 2"的第 25 帧并右击，在弹出的快捷菜单中选择"插入关键帧"命令并把圆移至文字末尾处。

（8）选中"图层 2"的第 50 帧并右击，在弹出的快捷菜单中选择"插入关键帧"命令并把圆移至文字开始处。

（9）在第 1 ～ 25 帧、第 25 ～ 50 帧之间分别任意选择一帧并右击，在弹出的快捷菜单中选择"创建传统补间"命令，效果图如图 4-80 所示。

图 4-80　创建传统补间后的效果图

（10）选中"图层 2"并右击，在弹出的快捷菜单中选择"遮罩层"命令，创建遮罩层后的时间轴效果图如图 4-81 所示。

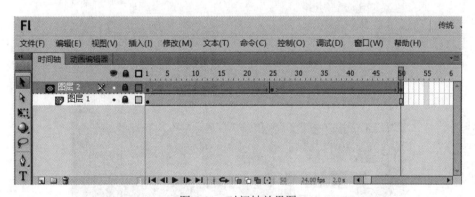

图 4-81　时间轴效果图

（11）按 Ctrl+Enter 组合键或者选择"控制"→"测试影片"命令，测试动画播放效果，会发现和普通层的动画效果完全不一样。

课堂案例 10　"赏花"

"赏花"效果图如图 4-82 所示，本案例实现"赏花"两个文字的底层有一些花图案的背景在动态移动的效果。读者可以根据遮罩动画的原理思考哪一层为"遮罩层"，哪一层为"被遮罩层"。

第 4 章课堂
案例 10 演示

图 4-82　"赏花"效果图

（1）新建一个文档，大小为 600×300。选择"修改"→"文档"命令，在"文档设置"对话框中修改背景颜色为黑色。

（2）选中"图层 1"的第 1 帧，用"文字工具"输入文本"赏花"，打开其"属性"面板设置颜色、字体、字号，如图 4-83 所示。

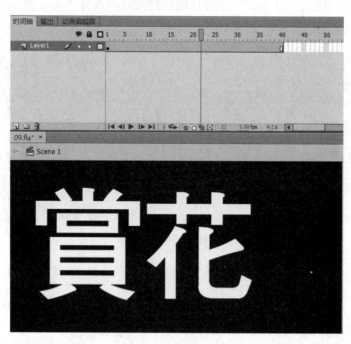

图 4-83　文字效果图

（3）选中"图层 1"的第 40 帧，按 F5 键插入帧。

（4）单击"时间轴"面板中的"新建图层"按钮，新建"图层 2"。

（5）选中"图层 2"的第 1 帧，选择"文件"→"导入"→"导入到库"命令，把背景素材图片导入到库中，效果如图 4-84 所示，再将库中的素材 smallflowers 拖至第 1 帧。

图 4-84　库素材图

（6）选中"图层 2"的第 20 帧，按 F6 键插入关键帧，将 smallflowers 素材图片拖至场景右边；选中"图层 2"的第 40 帧，按 F6 键插入关键帧，将 smallflowers 素材图片拖回场景左边。

（7）右击第 1 ～ 20 帧之间的任意帧，在弹出的快捷菜单中选择"创建传统补间"命令；右击第 20 ～ 40 帧之间的任意帧，在弹出的快捷菜单中选择"创建传统补间"命令。

（8）选中"图层 1"并右击，在弹出的快捷菜单中选择"遮罩层"命令创建遮罩层，即文字图层为"遮罩层"，背景花素材图层为"被遮罩层"。前后对比效果如图 4-85 所示。

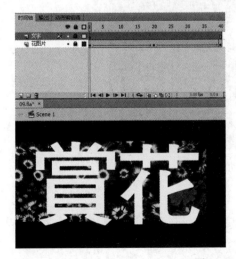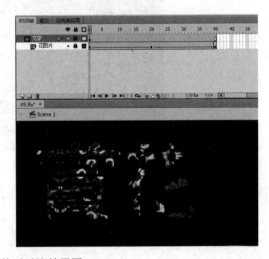

图 4-85　前后对比效果图

（9）为了整个画面更美，新建一个图层，在图层中导入素材图片 flower_bg，在场景右下方合适的位置添加装饰花朵，如图 4-86 所示。

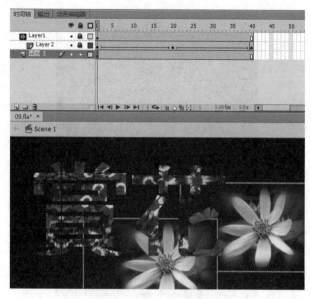

图 4-86　时间轴效果图

思考尝试

根据遮罩动画的原理，制作如图 4-87 所示地球旋转的动画效果。

图 4-87　地球转动效果图

提示

动画效果由遮罩层和被遮罩层组成，一个遮罩层可以同时遮罩几个图层，通过改变遮罩层或被遮罩层中内容的形状或位移可以形成动画效果。

4.3 综合案例

课堂案例 11 "蜗牛"

第 4 章课堂
案例 11 演示

制作一个关于"蜗牛"的短片，故事可以自己构思，从创意、技术、画面等方面去创作，情节要完整。在图 4-88 所示样例的基础上自由发挥，要求如下：

（1）动画作品要立意新颖、主题鲜明、原创、有独特的创造力和较强的吸引力。

（2）作品至少包含一个自己创建的角色，并对其制作出比较流畅的运动动画。

（3）鼓励手绘作品中的对象。

（4）要充分利用 Flash 中的形状补间动画、动作补间动画、引导动画、遮罩动画实现自己的作品。

（5）能够根据相应的内容加入声音，声音画面协调同步，拟音效果逼真，对画面内容有烘托作用。

（6）色彩搭配协调，形式生动活泼，画面播放流畅，观赏性强。

图 4-88 "蜗牛"效果图

习题与思考

一、填空题

1. Flash 源文件和影片文件的扩展名分别为 _____ 和 _____。

2. _____ 是组成动画的基本单位。

3. 元件分为 _____、_____、_____ 3 种类型。

4. 在动画中如果想让对象沿曲线运动，可以应用 _____ 动画。

5. Flash 图层可以分为 _____、_____、_____。

6. 在网络上播放动画，最合适的帧频率为 _____ 帧 / 秒。

7. 如果想制作对象的透明效果，在 Flash 中应使用 _____。

8. _____ 是 Flash 的标准脚本语言。

9. _____ 位于工作界面的正中间部位，是放置动画内容的矩形区域。

10. 若要更改线条或者图形形状轮廓的笔触颜色、宽度和样式，可使用 _____ 工具。

11. 橡皮擦只能对当前图层上的对象起作用,要擦除组合中的图形必须先_____。

二、思考题

1. 简述动画制作的主要过程。

2. 什么是元件？元件的类型有哪些？各元件的特点是什么？

3. 元件和实例的关系是怎样的？

4. 什么是遮罩动画？遮罩动画的遮罩层和被遮罩层有什么区别？

5. 什么是帧？什么是关键帧？什么是过渡帧？

6. "铅笔工具"有几种绘图模式？它们各有什么特点？

7. "刷子工具"有几种绘画模式？它们各有什么特点？

8. "橡皮擦工具"有几种擦除模式？它们各有什么特点？

三、操作题

1. 使用矩形工具、椭圆工具、多角星形工具绘制一座别墅，样式自己设计。

2. 制作海鸥沿光滑曲线飞翔的动画。

3. 用 Flash 制作一个 20 帧的小球到正方形变化的动画。

第 5 章
视频处理技术

当前，影视媒体已经成为最为大众化、最具影响力的媒体形式。从好莱坞大片所创造的幻想世界，到电视新闻所关注的现实生活，再到铺天盖地的电视广告，无一不深刻地影响着我们的生活。过去，影视节目的制作是专业人员的工作。现在，随着计算机技术的发展、计算机性能的显著提升和价格的不断降低，影视制作从以前需要专业的硬件设备逐渐向计算机转移，原先非常专业的软件也逐步移植到计算机平台上。

目前常用的专业影视后期制作软件有 Adobe After Effects、Adobe Premiere、Final Cut Pro、Vegas、Edius 等。其中 Adobe After Effects 和 Adobe Premiere 在国内使用较为普遍。Adobe After Effects 擅长于特效制作与视觉合成，Adobe Premiere 则专注于视频和音频剪辑制作。

学习要点

- ♀ Adobe Premiere 视频剪辑
- ♀ Adobe Premiere 视频转场
- ♀ Adobe Premiere 视频特效
- ♀ Adobe Premiere 字幕
- ♀ Adobe Premiere 视频输出

学习目标

- ♀ 了解影视视频特效制作的原理。
- ♀ 熟悉 Premiere 的界面，掌握菜单栏和工具条的使用。
- ♀ 掌握视频剪辑、视频转场、视频特效、字幕以及视频输出的制作方法。

5.1　Premiere 简介

Premiere 是由 Adobe 公司开发的一款专门用于视频后期处理的非线性编辑软件，是当今视频编辑领域最常用的剪辑工具之一。

利用 Premiere 可以快速地对视频进行剪辑、添加特效和转场，对数码照片、音频等进行编辑处理，其被广泛应用于电视节目、广告制作和电影剪辑等领域。

在学习 Premiere 之前需要弄清以下几个概念：

1. 视频

视频（Video）泛指将一系列静态影像以电信号的方式加以捕捉、记录、处理、存储、传送与重现的各种技术。在最早的视频里，一幅静止的图像被称为一"帧（frame）"。连续的图像变化每秒超过 24 帧画面以上时，根据视觉暂留原理，人眼无法辨别单幅的静态画面，看上去是平滑连续的视觉效果，这样连续的画面叫做视频。

视频技术最早是从阴极射线管的电视系统的创建而发展起来的，但是之后新的显示技术的发明使视频技术所包括的范畴更大。计算机能显示电视信号，能显示基于电影标准的视频文件和流媒体。伴随着计算机运算器速度的提高、存储容量的提高、宽带的逐渐普及，通用的计算机都具备了采集、存储、编辑和发送电视、视频文件的能力。

2. 制式

制式指传送电视信号所采用的技术标准。目前正在使用的有 3 种电视制式：NTSC（National Television System Committee，美国国家电视标准委员会）、PAL（Phase Alteration Line，逐行倒相制式）和 SECAM（Séquentiel Couleur à Mémoire，按顺序传送彩色与存储），这 3 种制式之间存在一定的差异。美国、墨西哥、日本、加拿大等国家采用 NTSC 制式；德国、中国、英国、意大利、荷兰、中东等地区采用 PAL 制式；法国、俄罗斯及东欧和非洲各国采用 SECAM 制式。

PAL 制式电视的播放设备使用的是每秒 25 幅画面，也就是 25 帧 / 秒，只有使用正确的播放帧频率才能流畅地播放动画。过高的帧频率会导致资源浪费，过低的帧频率会使画面播放不流畅从而产生抖动。

3. 逐行扫描与隔行扫描

扫描是指显像管中电子枪发射出的电子束扫描电视或计算机屏幕的过程。逐行扫描是每一行按顺序进行扫描，一次扫描显示一帧完整的画面，属于非交错场，更适合在高分辨率下使用，同时也对显示器的扫描频率和视频频率的带宽提出了较高的要求。隔行扫描是先扫描奇数行，再扫描偶数行，两次扫描后形成一帧完整的画面，属于交错场。

5.2 Premiere 的操作界面

5.2.1 启动 Premiere

启动 Premiere Pro CS6，打开欢迎界面，如图 5-1 所示。

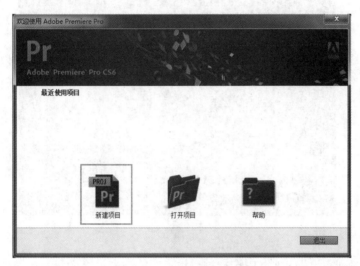

图 5-1 Premiere 的欢迎界面

这里单击"新建项目"按钮打开"新建项目"对话框，如图 5-2 所示。

图 5-2 "新建项目"对话框

单击"位置"右边的"浏览"按钮指定项目的保存路径，在"名称"文本框中输入项目的名称，然后单击"确定"按钮打开"新建序列"对话框，如图 5-3 所示。

图 5-3　"新建序列"对话框

可以在"序列预设"选项卡中选择预先设定好的序列设置创建一个序列，也可以在"设置"选项卡中自行设定序列的参数从而创建一个序列，如图 5-4 所示。在"轨道"选项卡中，可以设置视频轨和音频轨的数量，如图 5-5 所示。

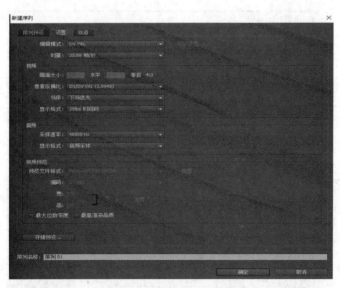

图 5-4　"设置"选项卡

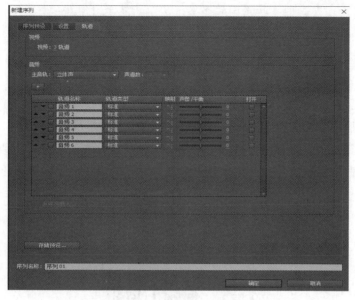

图 5-5　"轨道"选项卡

思考尝试

如果要创建一个在国内播放的，画面大小为 1024×768 的视频，应该怎么设置？

5.2.2　Premiere 的工作界面

Premiere Pro CS6 的工作界面如图 5-6 所示。窗口分为"工具"调板、"项目"调板、"监视器"调板、"时间线"调板和"其他"调板。

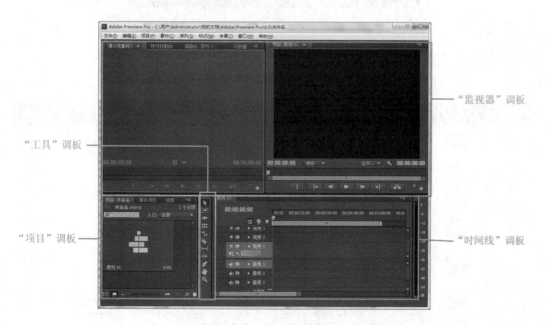

图 5-6　Premiere Pro CS6 的工作界面

（1）"工具"调板：把一些常用的命令以按钮的形式组织在一起，用户直接单击按钮即可实现想要的操作。

（2）"项目"调板：是素材文件的管理器，导入到 Premiere Pro CS6 中的素材、新建的序列和素材等都会保存在该调板中。

（3）"监视器"调板：利用这个调板不但可以预览素材和制作的影视作品，还可以对素材进行一些基本的编辑操作。

（4）"时间线"调板：是用来编辑影视作品的主要场所，它包含多个视频轨和音频轨，制作影视作品时，需要将素材片段按照播放的先后顺序从左至右排列在各视频轨或音频轨中。

（5）"其他"调板：包括"信息"调板、"效果"调板、"特效控制台"调板、"调音台"调板、"历史"调板等。

5.3　视频的剪辑

Premiere 具有非常强大的视频编辑处理能力。我们可以在序列的时间线中组织素材，并对各种音频视频和图片素材进行任意的切割、复制、插入、覆盖、删除，以及调整入点、出点和播放速度等编辑操作，从而制作出符合需要的影视作品。

Premiere Pro CS6 的"工具"调板提供了大量的实用工具，可以方便快速地进行素材的编辑。"工具"调板的内容如图 5-7 所示。

图 5-7　"工具"调板

每个工具的名称及作用如表 5-1 所示。

表 5-1　"工具"调板的主要按钮及其作用

序号	图标	名称	作用
1		选择工具	选择、移动、拉伸素材片段
2		轨道选择工具	选择时间线中位于光标右侧的所有素材
3		波纹编辑工具	用于拖动素材片段入点、出点，改变片段长度
4		滚动编辑工具	用于调整两个相邻素材的长度，调整后两素材的总长度保持不变
5		速率伸缩工具	用于改变素材片段的时间长度，并调整片段的速率以适应新的时间长度
6		剃刀工具	将素材切割为两个独立的片段，可分别进行编辑处理
7		错落工具	用于改变素材的开始位置和结束位置

序号	图标	名称	作用
8		滑动工具	用于改变相邻素材的出入点
9		钢笔工具	用于调节节点
10		手形工具	平移时间线窗口中的素材片段
11		缩放工具	放大或缩小时间线上的素材显示

课堂案例 1　慢镜头

第 5 章课堂
案例 1 演示

下面通过制作一个扣篮慢镜头回放视频的案例来介绍 Premiere Pro CS6 视频编辑的基本操作。

（1）打开 Premiere 软件，新建一个名为"扣篮慢镜头回放"的项目文件，在打开的 "新建序列"对话框中选择 DV-PAL 文件夹下的"标准 48kHz"选项，单击"确定"按钮，如图 5-8 所示。

图 5-8　设置序列参数

（2）选择"文件"→"导入"命令或按 Ctrl+I 组合键，导入"精彩扣篮片段 .mp4" 视频文件。

（3）双击"项目"调板中的"精彩扣篮片段 .mp4"视频素材，将其添加至"源"监视器中。

（4）将"源"监视器中的当前时间指针移至 3 分 04 秒 14 帧处，然后单击"标记入点"按钮，如图 5-9 所示；将"源"监视器中的当前时间指针移至 3 分 09 秒 04 帧处，然后单击"标记出点"按钮，如图 5-10 所示。如此一来，便选中了素材中第 3 分 04 秒 14 帧至第 3 分 09 秒 04 帧的片段。

图 5-9　设置入点位置

图 5-10　设置出点位置

提示

　　本案例剪辑的素材片段包含传球、扣篮和庆祝动作，后面步骤中将为传球和扣篮动作制作一个慢镜头回放。

（5）单击"源"监视器中的"插入"按钮，将剪辑好的素材片段添加至"时间线"调板的"视频 1"轨道中，再右击"时间线"调板中的素材片段，在弹出的快捷菜单中选择"缩放为当前画面大小"命令，如图 5-11 所示。

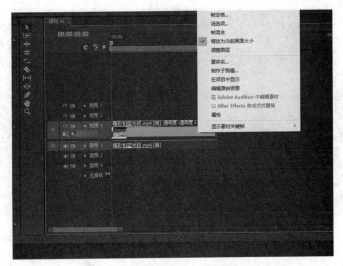

图 5-11　将剪辑好的素材插入"时间线"调板

（6）将"时间线"调板中的当前时间指针移至 03 秒 10 帧处，然后单击"工具"调板中的"剃刀"工具，将光标移至"时间线"调板中素材片段的当前时间指针处，单击切割素材片段，如图 5-12 所示。

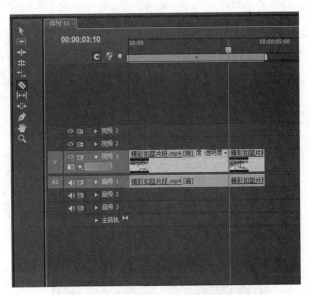

图 5-12　使用"剃刀"工具切割素材片段

（7）选择"工具"调板中的"选择"工具，选中"时间线"调板中的第一段素材片段，然后按 Ctrl+C 组合键将其复制。把"时间线"调板中的第二段素材片段向右拖动一段距离，单击"时间线"调板中的"视频 2"轨道将其选中，然后单击"时间线"调板中的"视频 1"轨道将其取消选择，按 Ctrl+V 组合键将复制的内容粘贴到"视频 2"轨道中，其入点自动与当前时间指针对齐，再拖动第二段素材片段，让其入点与粘贴的素材片段的出点一致，如图 5-13 所示。

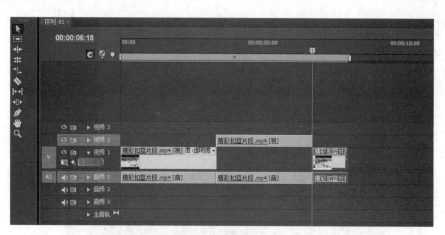

图 5-13　复制素材片段

操作技巧

　　粘贴素材片段时，若选择"编辑"→"粘贴插入"命令或按 Ctrl+Shift+V 组合键，粘贴的素材将插入到目标轨道，不会覆盖当前时间指针后的素材；若选择"编辑"→"粘贴"命令或按 Ctrl+V 组合键，则粘贴的素材有可能覆盖右侧素材的部分或全部内容。

　　（8）单击选中"视频 2"轨道中的素材片段，然后选择"素材"→"速度 / 持续时间"命令或按 Ctrl+R 组合键，在打开的"素材速度 / 持续时间"对话框中将"速度"设置为 50%，勾选"保持音调不变"和"波纹编辑，移动后面的素材"复选框，单击"确定"按钮，如图 5-14 所示。

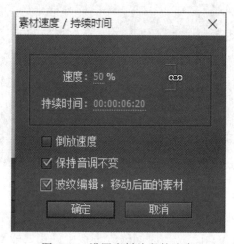

图 5-14　设置素材片段的速度

　　（9）单击"效果"调板中"视频切换"文件夹左侧的下拉按钮，然后将"叠化"文件夹中的"交叉叠化（标准）"切换效果拖至"时间线"调板各素材片段的入点位置，如图 5-15 所示。

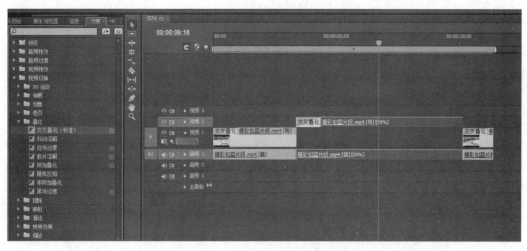

图 5-15　为素材片段添加切换效果

（10）单击"文件"→"存储"命令或按 Ctrl+S 组合键保存文件，然后选择"文件"→"导出"→"媒体"命令或按 Ctrl+M 组合键，在打开的"导出设置"对话框中选择"格式"为 H.264，"预设"为 PAL-DV，设置输出的名称和路径，单击"导出"按钮导出视频，如图 5-16 所示。

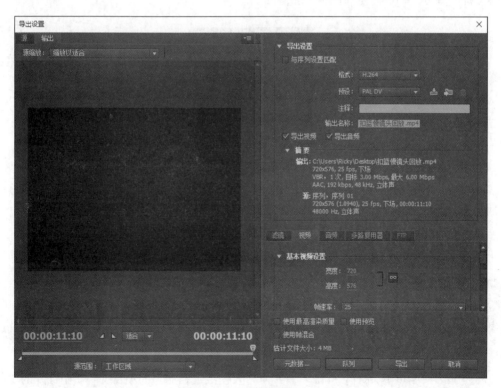

图 5-16　输出制作好的影片

5.4 视频的转场

我们将一个视频片段称为一个镜头或一个素材。一部完整的影视作品是由多个镜头拼接而成的。这些镜头可能是由不同的人在不同的时间和地点，使用不同的摄像机拍摄而成的。

镜头和镜头间的切换称为转场。一种视频转场是简单的镜头切换，在镜头之间的衔接点未添加任何视频过渡效果，视频画面从一个镜头转移到另一个镜头，称为硬切；另一种视频转场是在镜头之间的衔接点添加视频过渡效果，如交叉伸展、翻页、百叶窗、中心合并等视频转场效果，称为软切。

如果在整合编辑这些镜头时，不使用视频转场特效，而采用硬切，那么影片在播放时人们会觉得不自然，还有可能会觉得视频断续不连贯。所以，灵活、恰当地使用转场特效方可制作出理想的、播放连续流畅的且具有独特个性的、新颖的、令人赏心悦目的影视作品来。

Premiere Pro CS6 提供了 3D 运动、伸展、划像、卷页、叠化、擦除、映射、滑动、特殊效果、缩放共 10 类视频转场，如图 5-17 所示。

图 5-17 视频转场

第 5 章课堂
案例 2 演示

课堂案例 2 天使宝宝

下面通过制作一个天使宝宝相册的案例来介绍 Premiere Pro CS6 视频转场的基本应用。

（1）打开 Premiere 软件，新建一个名为"天使宝宝相册"的项目文件，在打开的"新建序列"对话框中，选择 DV-PAL 文件夹下的"标准 48kHz"选项，单击"确定"按钮。

（2）导入素材并将素材图片添加到"时间线"调板的"视频 1"轨道，再将"背景音乐 .mp3"音频素材添加到"音频 1"轨道中，如图 5-18 所示。

图 5-18　导入素材并添加到"时间线"调板中

（3）选择"工具"调板中的"剃刀"工具，根据"视频 1"轨道中素材的长度对"音频 1"轨道中的音频素材进行切割，然后选中切割出来的右侧片段并删除，使音频素材与"视频 1"轨道中的素材长度相同，效果如图 5-19 所示。

图 5-19　切割并删除多余的音频素材

（4）拖动鼠标框选"时间线"调板"视频 1"轨道中的所有素材片段并右击，在弹出的快捷菜单中选择"缩放为当前画面大小"命令，如图 5-20 所示。

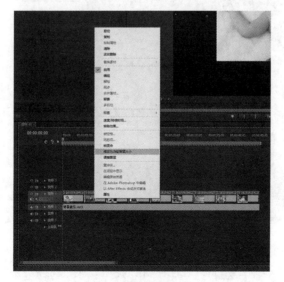

图 5-20　缩放素材

（5）选择"窗口"→"效果"命令打开"效果"调板，将"视频切换"中"划像"文件夹下的"划像形状"切换效果拖到"时间线"调板中第一张素材图片的出点处，当光标呈 形状时释放鼠标，即可添加视频转场效果，如图5-21所示。

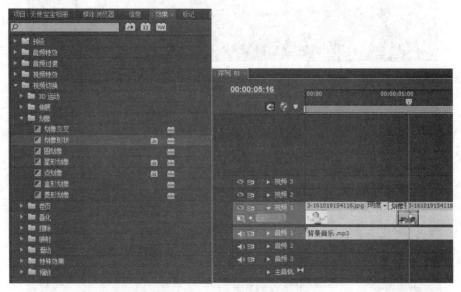

图5-21　添加转场效果

（6）使用选择工具在"时间线"调板中单击刚才添加的"划像形状"转场效果，然后选择"窗口"→"特效控制台"命令，在"特效控制台"调板中单击"自定义"按钮，在打开的"划像形状设置"对话框中将"宽"和"高"都设为最大值，在"形状类型"中选择"椭圆形"，然后单击"确定"按钮，如图5-22所示。

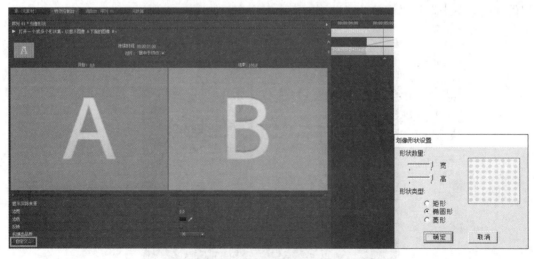

图5-22　自定义视频转场效果

（7）在第二张图片和第三张图片之间添加"筋斗过渡"视频切换效果，如图5-23所示。

 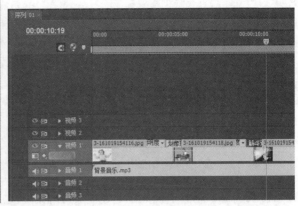

图 5-23 为素材片段添加"筋斗过渡"视频转场效果

（8）在接下来的素材图片之间分别添加中心剥落、抖动溶解、时钟式划变、带状滑动、交叉缩放、螺旋框视频切换效果，如图 5-24 所示。

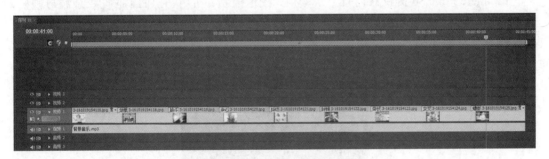

图 5-24 添加其他视频转场效果

（9）按 Ctrl+M 组合键，在打开的"导出设置"对话框中设置文件导出"格式"和"输出名称"，然后单击"导出"按钮将制作好的电子相册导出为 mp4 格式的影片，如图 5-25 所示。

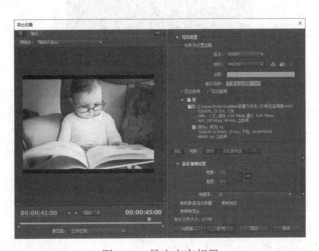

图 5-25 导出宝宝相册

操作技巧

Premiere 默认状态下使用"交叉叠化（标准）"作为转场效果，如果需要修改默认转场效果，可以选中转场效果并右击，在弹出的快捷菜单中选择"设置所选择为默认过渡"命令。若要删除已添加的转场效果，只需在"时间线"调板中选中此转场效果并右击，在弹出的快捷菜单中选择"清除"命令即可。

5.5　视频的特效

Premiere Pro CS6 提供了强大的运动特效功能，通过为视频、静态图片、字幕等素材片段添加运动特效可以使素材片段产生移动、缩放等动画效果。同时，Premiere Pro CS6 还拥有强大的视频特效功能，通过视频特效可以为成品添加特别的视觉特性，使其具有与众不同的功能属性。

Premiere Pro CS6 提供（内置）了变换、图像控制、实用、扭曲、时间、杂波与颗粒、模糊与锐化、生成、色彩校正、视频、调整、过渡、透视、通道、键控、风格化共 16 类视频特效，如图 5-26 所示。

图 5-26　"效果"调板显示有 16 类视频特效

添加视频特效的方法有以下 3 种：

- 从"效果"调板中将所选特效直接拖至"时间线"调板的素材上。例如，在"效果"调板中展开"风格化"特效，选择"风格化"下的"马赛克"特效，将其拖至"时间线"调板的素材上，为素材添加"马赛克"视频特效。
- 先在"时间线"调板中选中素材，然后在"效果"调板中双击某个视频特效，可以将其添加到选中的素材上。
- 先在"时间线"调板中选中素材，然后从"效果"调板中将所选特效拖至"特效控制台"调板中，为素材添加特效。

在"时间线"调板中选择多个视频素材时，在"效果"调板中双击视频特效可以将视频特效同时添加到所选中的多个素材上；也可以先在"时间线"调板中选中多个视频素材，然后从"效果"调板中将某个视频特效拖至其中一个视频素材上，该视频特效将会添加到所有选中的视频素材上。

课堂案例3　消失的热气球

下面通过制作一个消失的热气球案例来介绍 Premiere Pro CS6 视频特效的基本操作。

第5章课堂
案例3演示

（1）打开 Premiere 软件，新建一个名为"消失的热气球"的项目文件，在打开的"新建序列"对话框中选择 DV-PAL 文件夹下的"标准 48kHz"选项，单击"确定"按钮。

（2）导入分层素材。双击项目调板的空白区域，导入"热气球素材 .psd"图像文件，在打开的"导入分层文件"对话框中将"导入为"选项设为"各个图层"，单击"确定"按钮，如图 5-27 所示。

图 5-27　导入分层图像素材

（3）将"项目"调板中的"背景 / 热气球素材 .psd"图像素材拖到"时间线"调板的"视频 1"轨道中，将"热气球 / 热气球素材 .psd"图像素材拖到"视频 2"轨道中，使用选择工具将两个图像素材的出点拖至 20 秒处，如图 5-28 所示。

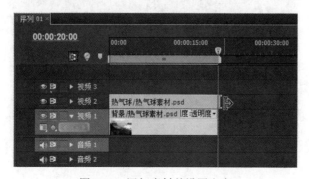

图 5-28　添加素材并设置出点

（4）分别在"时间线"调板中的图像素材上右击，在弹出的快捷菜单中选择"缩放为当前画面大小"命令。

（5）单击选中"时间线"调板中的"热气球 / 热气球素材 .psd"图像素材，然后在"特效控制台"调板中展开"运动"特效，在"缩放比例"属性编辑框中输入 70，如图 5-29 所示。

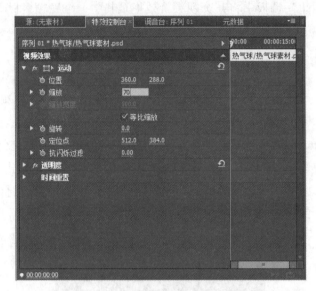

图 5-29　设置热气球的缩放比例

（6）将"特效控制台"调板中的当前时间指针移至第 0 秒处，然后分别单击"运动"特效的位置、缩放比例、旋转属性左侧的"切换动画"按钮，此时将自动在 0 秒处添加一个关键帧，如图 5-30 所示。

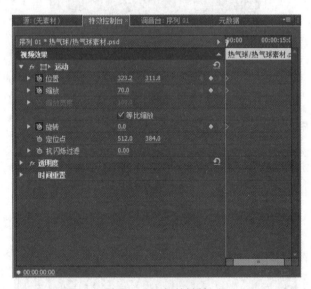

图 5-30　添加关键帧

（7）单击"运动"特效，此时在"节目"监视器中的热气球上将出现一个控制框，将鼠标指针移到控制框内并拖动，将热气球移至屏幕左下角，再拖动控制框 4 个边角处的节点进行旋转，如图 5-31 所示。

图 5-31　调整热气球的位置和角度

（8）将"特效控制台"调板中的当前时间指针移至第 19 秒 24 帧处，然后将"缩放比例"设为 20，此时系统会自动在第 19 秒 24 帧处插入关键帧，如图 5-32 所示。

图 5-32　设置 19 秒 24 帧时热气球的大小

（9）在"节目"监视器中调整热气球的位置和旋转角度，如图 5-33 所示。

图 5-33　调整热气球的位置和角度

（10）此时在"节目"监视器中会出现一条运动路径，分别将光标移至运动路径上下节点的控制柄上，当光标呈 ▶ 形状时向右拖动控制柄改变运动路径的弧度。此时预览动画，会发现热气球根据运动路径从左下方慢慢向上飞行，如图 5-34 所示。

图 5-34　调整运动路径的弧度

（11）将"特效控制台"调板中的当前时间指针移至第 15 秒 0 帧处，然后将"透明度"设为 100，单击透明度属性左侧的"切换动画"按钮 ⏱ ，此时将添加一个透明度的关键帧。

（12）将"特效控制台"调板中的当前时间指针移至第 19 秒 24 帧处，然后将"透明度"设为 0，此时将自动添加一个关键帧，如图 5-35 所示。

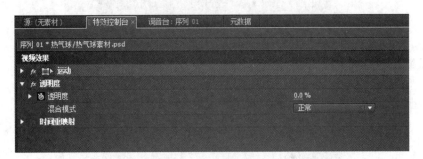

图 5-35　设置透明度

（13）按 Ctrl+M 组合键，在打开的"导出设置"对话框中设置导出文件"格式"和"输出名称"，然后单击"导出"按钮，将制作好的视频导出为 mp4 格式的影片，如图 5-36 所示。

操作技巧

在"特效控制台"调板中，特效名称之前的 fx 为"切换效果开关"。显示 fx 表示该效果已打开，单击将关闭该特效。

图 5-36　导出视频

课堂案例 4　镜头光晕特效

下面通过制作一个镜头光晕特效的案例来介绍 Premiere Pro CS6 视频特效的基本操作。

（1）打开 Premiere 软件，新建一个名为"镜头光晕"的项目文件，在打开的"新建序列"对话框中选择 DV-PAL 文件夹下的"标准 48kHz"选项，单击"确定"按钮。

（2）导入"背景 .jpg"图片素材并添加到"时间线"调板的"视频 1"轨道中，将其适配为当前画面大小。

（3）打开"效果"调板，将"视频特效"的"生成"文件夹中的"镜头光晕"视频特效拖至"时间线"调板中的"背景 .jpg"素材片段上，如图 5-37 所示。

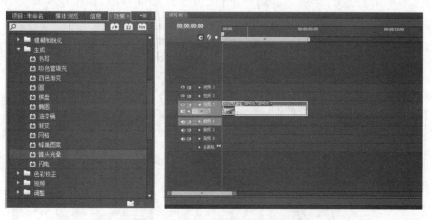

图 5-37　添加"镜头光晕"特效

（4）单击选中"时间线"调板中的"背景 .jpg"素材片段，然后在"特效控制台"调板中展开"镜头光晕"视频特效，单击"光晕中心"和"光晕亮度"左侧的"切换动画"

按钮添加第一个关键帧；再在"光晕中心"属性右侧的 x 编辑框中输入 400，在 y 编辑框中输入 280，在"光晕亮度"编辑框中输入 70%，如图 5-38 所示。

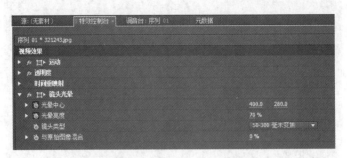

图 5-38　设置第一个关键帧处的镜头光晕参数

（5）将"特效控制台"调板中的"当前时间指针"移至第 4 秒 24 帧处，然后在"光晕中心"属性右侧的 x 编辑框中输入 2100，在 y 编辑框中输入 950，在"光晕亮度"编辑框中输入 120%，如图 5-39 所示。

图 5-39　设置第 4 秒 24 帧处的镜头光晕参数

（6）按 Ctrl+M 组合键，在打开的"导出设置"对话框中设置导出文件的"格式"和"输出名称"，然后单击"导出"按钮，将制作好的视频导出为 mp4 格式的影片，如图 5-40 所示。

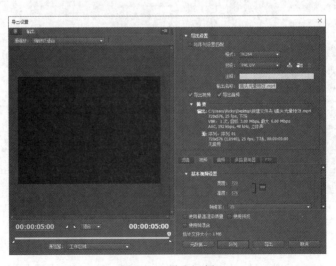

图 5-40　导出视频

5.6 视频抠像与合成

在制作影视作品的过程中，经常需要将多个素材画面进行合成，以制作出符合客户需要的效果。所谓视频合成，其实就是将多个视频轨道中含有不同透明信息的素材片段叠加成一个画面。此外，在上方的视频轨道中放置较小的素材并将上下视频轨道中的素材画面在监视器中左右排列等也属于视频合成。Premiere Pro CS6 除了具有强大的视频编辑功能外，还提供了视频合成功能，它可以通过透明和键控技术对素材画面进行抠像，进而合成视频。

Premiere Pro CS6 的键控类视频特效主要分为色键和遮罩两大类，利用它们可以将素材片段的特定区域设置为透明。其中，色键类特效包括色度键、RGB 差异键、亮度键、颜色键、蓝屏键和非红色键等。遮罩类特效包括 16 点无用信号遮罩、4 点无用信号遮罩、8 点无用信号遮罩、图像遮罩键和差异遮罩等。这些效果控件主要集中在"视频特效"的"键控"集合中，如图 5-41 所示。

图 5-41 键控类视频特效

课堂案例 5 替换影片背景

下面通过制作一个替换影片背景的案例来介绍 Premiere Pro CS6 如何利用色键类控件抠取影片图像，并设置背景为透明区域，从而达到替换影片背景的视频合成效果。

第 5 章课堂
案例 5 演示

（1）打开 Premiere 软件，新建一个名为"替换影片背景"的项目文件，在打开的"新建序列"对话框中选择 DV-PAL 文件夹下的"标准 48kHz"选项，单击"确定"按钮。

（2）导入影片素材。双击"项目"调板的空白区域，导入"人物 .avi"和"背景 .mp4"两个影片素材，如图 5-42 所示。

图 5-42 导入视频素材到项目中

（3）将"背景.mp4"素材添加到"时间线"调板的"视频 1"轨道中，将"人物.avi"素材添加到"视频 2"轨道中，如图 5-43 所示。

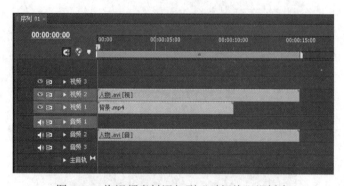

图 5-43 将视频素材添加到"时间线"调板中

（4）调整这两个轨道的视频播放长度，使其播放时长一致。在"时间线"调板中，选择"视频 2"轨道，将当前时间指针 ▓ 移至第 04 秒 22 帧处。单击"工具"调板中的"剃刀工具" ▓，然后将光标移动到当前时间指针处，单击切割，把"人物.avi"素材分为左右两段，如图 5-44 所示。将左边那段素材删除，然后将右边的片段移动到当前轨道的起始处，使其入点和出点与"视频 1"轨道的视频素材的入点和出点对齐，如图 5-45 所示。

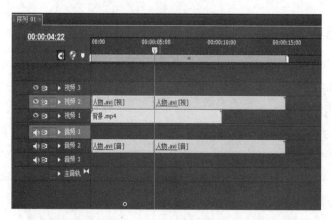

图 5-44 "视频 2"轨道素材被切割成左右两段

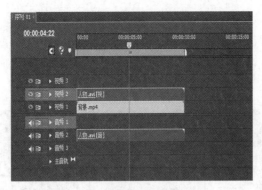

图 5-45 两个视频轨道的素材长度一致

（5）打开"效果"调板，搜索到"颜色键"特效后将其拖至"时间线"调板中"视频 2"
轨道人物素材片段上，如图 5-46 所示。

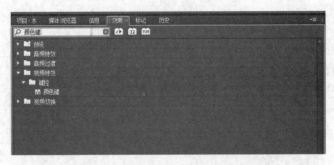

图 5-46 在"效果"调板中搜索"颜色键"

（6）在"特效控制台"调板中，展开"颜色键"视频特效，单击"主要颜色"右侧
的吸管图标；然后在"节目"监视器中的紫色背景上单击吸取颜色，将"颜色宽容度"
设置为 40，"薄化边缘"设置为 2，"羽化边缘"设置为 5.0，如图 5-47 所示。在节目监
视器中可以看到位于"视频 1"轨道中的视频显示了出来。此时这两段视频的合成基本
完成。

图 5-47 "颜色键"特效的参数设置

（7）按 Ctrl+M 组合键，在打开的"导出设置"对话框中设置导出文件的"格式"和"输出名称"，然后单击"导出"按钮，将制作好的视频导出为 mp4 格式的影片，如图5-48 所示。

图 5-48　合成视频导出设置

5.7　字幕

在影视作品的制作过程中，经常需要为作品添加文字说明，如对白字幕、片头片尾的标题、工作人员表等，这些都属于字幕的范畴。Premiere Pro CS6 提供了强大的字幕设计功能，用户可以创建各种静态或动态的文本字幕，还可以绘制各种图形对象字幕，并为字幕设计各种漂亮的外观。

可以通过"字幕"菜单下的"新建字幕"→"默认静态字幕"命令打开字幕设计窗口，如图 5-49 所示，在字幕设计窗口中可以创建各种字幕和图形对象，并且可以对创建的字幕和图形对象进行编辑操作，从而制作出酷炫的字幕效果。

● "字幕"调板：由上方的工具按钮和下方的字幕编辑区组成，其中字幕编辑区是用户创建和编辑字幕的区域，而上方的工具按钮用于设置字幕的字体、大小等参数，以及制作游动/滚动字幕和基于模板创建字幕等。

● "字幕工具"调板：包含了制作和编辑字幕所需的各种工具，利用这些工具不但可以创建文本字幕，还可以绘制各种常见的几何图形。

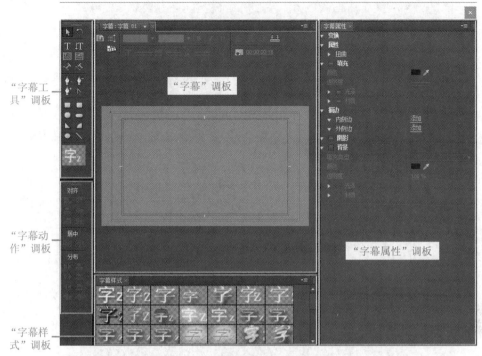

"字幕工具"调板

"字幕动作"调板

"字幕样式"调板

图 5-49　字幕设计窗口

- "字幕样式"调板：存放着 Premiere Pro CS6 中各种预置的字幕样式，利用这些字幕样式可以快速改变字幕的外观，以制作出精美的字幕效果。

- "字幕动作"调板：利用其提供的工具可以快速排列和对齐字幕编辑区中的对象。"字幕动作"调板中的工具被分别放置在对齐、居中、分布这 3 个选项组中。

- "字幕属性"调板：所有与字幕属性相关的选项都位于"字幕属性"调板中，利用这些选项可以对字幕的位置、透明度、颜色、大小等进行设置，还可以为字幕添加阴影、描边等效果。

课堂案例 6　制作歌词字幕

第 5 章课堂案例 6 演示

（1）打开 Premiere 软件，新建一个名为"制作歌词字幕"的项目文件，在打开的"新建序列"对话框中直接单击"取消"按钮，暂时不创建序列。

（2）导入素材文件。双击"项目"调板的空白区域，导入"背景音乐 .mp3"和"风景 .mp4"两个素材文件，如图 5-50 所示。

（3）利用"风景 .mp4"素材创建序列。按住"风景 .mp4"素材拖到"项目"调板右下方的"新建分项"图标 ▣ 上，此时 Premiere 会根据"风景 .mp4"素材的信息创建一个序列，并且默认将"风景"素材放置到"视频 1"轨道上。先解除"视频 1"轨道的视频与音频的链接，然后将"背景音乐 .mp3"素材拖入"音频 1"轨道，替换该轨道上原有的音频文件，替换后的"时间线"调板如图 5-51 所示。

图 5-50　导入视频素材到项目中

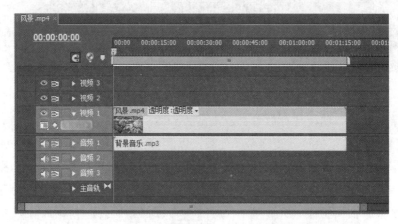

图 5-51　音频文件被替换后的"时间线"调板

（4）创建标记。打开素材文件夹中的"歌词 .txt"，播放序列对照歌词，当听到有新歌词进入时按键盘上的 M 键则会在时间线上方创建一个标记█，这些标记将作为后面字幕插入的位置。当打完所有歌词标记后的"时间线"调板如图 5-52 所示。

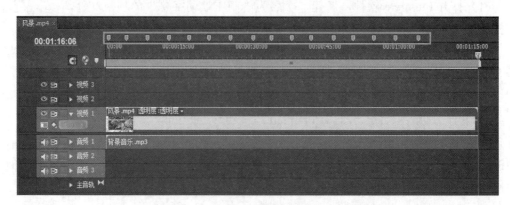

图 5-52　打上歌词标记的"时间线"调板

（5）创建歌词字幕。创建一个静态字幕，名称为"歌词 1"。打开"字幕设计"窗口，选择"字幕工具"调板中的"输入工具" 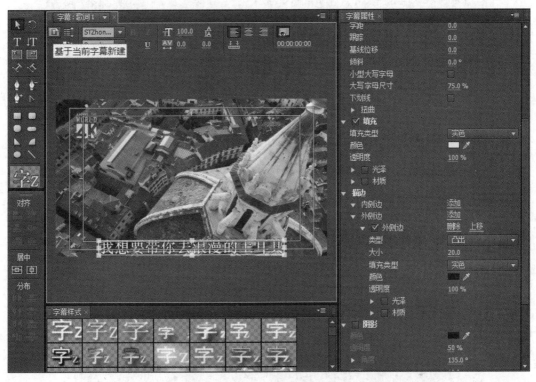，在字幕编辑区的下方输入第一句歌词，字体设为 STZhongsong，大小设置为 100。在"字幕动作"调板中选择"水平居中" ，在"字幕属性"调板中添加外侧描边，颜色设为"黑色"，大小设为 20，如图 5-53 所示。

图 5-53　第一句歌词字幕的设置

（6）单击"字幕"调板左上方的"基于当前字幕新建"按钮，在打开的"新建字幕"对话框中将"名字"设为"歌词 2"，单击"确定"按钮。在打开的"字幕设计"窗口中选择"字幕工具"调板中的输入工具，然后将字幕编辑区中的文本改为第二句歌词，在"字幕动作"调板中选择"水平居中"，如图 5-54 所示。

（7）参考上一步骤的操作创建"歌词 3"至"歌词 8"。歌词内容可以从素材文件夹下的"歌词 .txt"文件获取。"项目"调板中会显示所有歌词文件，为了方便管理，我们单击"项目"调板右下角的"新建文件夹"按钮创建一个文件夹并改名为"歌词"。选中所有歌词文件并拖动到"歌词"文件夹中，如图 5-55 所示。

（8）选中所有歌词，拖到"时间线"调板的"视频 2"轨道上。根据之前创建的歌词标记调整每段歌词的位置和长度，让每个歌词的入点和对应标记的时间点对齐。我们可以利用"时间线"调板最下面的缩放控制滑块放大时间标尺的比例，这可以使调整更加精确。添加字幕后的"时间线"调板如图 5-56 所示。

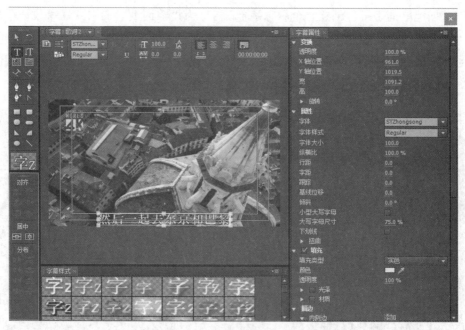

图 5-54　第二句歌词字幕的设置

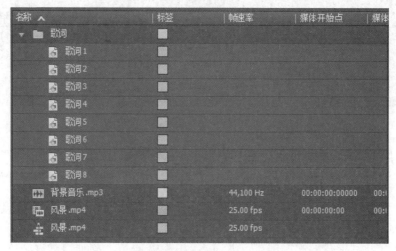

图 5-55　创建"歌词"文件夹管理歌词文件

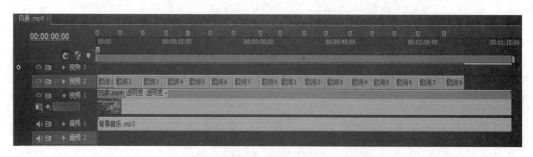

图 5-56　添加歌词后的"时间线"调板

（9）为歌词添加"线性擦除"特效。选中"视频 2"轨道，将"效果"调板下的"视频特效"→"过渡"→"线性擦除"特效添加到"歌词 1"上。打开"特效控制台"调板，展开"线性擦除"特效，将"时间指针" 移动到"歌词 1"的入点位置，也就是 0 秒位置，单击"过渡完成"前面的切换动画开关 创建第 1 个关键帧，将"过渡完成"值设为 85%。将"时间指针"移动到接近"歌词 1"出点的位置，这里选择的位置为第 03 秒 5 帧处，单击右边的"添加/移除关键帧"按钮 创建第 2 个关键帧，修改"过渡完成"的值为 0%，将"擦除角度"设为 -90.0°，如图 5-57 所示。

图 5-57　"线性擦除"特效的设置

（10）复制"歌词 1"，选中所有后面的歌词并右击，在弹出的快捷菜单中选择"粘贴属性"命令将"歌词 1"上的特效应用到所有歌词上面。在"节目监视器"中进行播放，观看效果并保存项目。

（11）按 Ctrl+M 组合键，在打开的"导出设置"对话框中设置文件导出的"格式"和"输出名称"，然后单击"导出"按钮，将制作好的视频导出为 mp4 格式的影片，如图 5-58 所示。

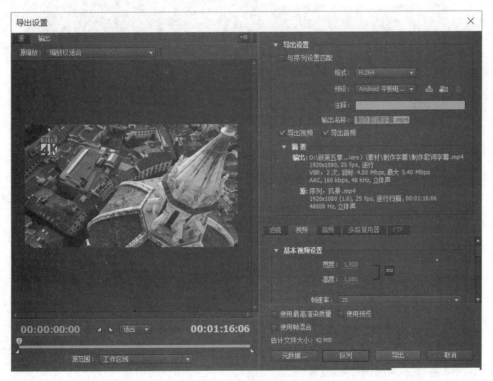

图 5-58　序列导出设置

5.8　视频输出

制作好影视作品后，最终我们会根据需要将作品输出为不同格式的视音频、视频、音频和图像文件。在 Premiere Pro CS6 中通过在"导出设置"对话框中的设置和操作基本可以满足我们对作品输出方面的各种需求。

在 Premiere Pro CS6 中，单击"文件"→"导出"→"媒体"命令（按 Ctrl+M 组合键）可以打开"导出设置"对话框，如图 5-59 所示。

图 5-59　"导出设置"对话框

导出设置的一般操作：

（1）设置要导出的作品的入点和出点，以确定作品的输出范围。如图 5-60 所示，可以拖动 按钮来设置入点的位置，拖动 按钮来设置出点的位置。

图 5-60　设置作品输出的入点和出点

（2）裁剪视频。可在"源"选项卡中单击"裁剪"按钮 ，此时画面上将显示一个裁剪框，裁剪框之外的画面将被裁掉。

（3）设置导出格式。在"导出设置"选项组的"格式"下拉列表框中选择要输出的文件类型，这些文件格式简单说明如下：

- 输出音频：如果只需要输出音频格式的文件，可以选择 AAC 音频、AIFF、MP3、波形音频选项。

- 输出影片：如果需要输出影片，可以选择 AVI、H.264、H.264 蓝光、MPEG 4、Windows Media、QuickTime、F4V、FLV 选项。

- 输出 GIF 动画和图像：如果要输出 GIF 动画，可以选择动画 GIF 选项；如果要输出 GIF 静态图像，则选择 GIF 选项。这两种格式仅适用于 Windows。

- 输出图像：如果要输出图像，可以选择 BMP、DPX、JPEG、PNG、Targa、TIFF 选项。

（4）选择编码方式。在"预设"下拉列表框中可以选择预置的编码方式。该下拉列表框中的选项随上面选择的格式不同而不同。如果使用了裁剪操作，"预设"的值自动变为"自定义"。如果重新选择了预设值，那么之前的裁剪效果将取消。

（5）输出名称。单击输出名称后面的文件名，可以弹出"另存为"对话框，选择输出文件保存的位置并修改文件名称。

（6）选择要导出视频、音频还是视音频。在"输出名称"下面的"导出视频"和"导出音频"复选框中选择，默认这两个复选框都是勾上的，如果只想输出音频文件，则可以取消对"导出视频"复选框的选择。

（7）设置输出参数。如果需要对预置的编码参数进行修改，可以在下面的"视频"选项卡和"音频"选项卡中修改和自定义，如图 5-61 和图 5-62 所示。在"视频"选项卡中可以设置宽度 / 高度、帧速率、纵横比、电视标准等参数，在"音频"选项卡中可以设置音频编解码器、采样速率、通道、音频质量等参数。

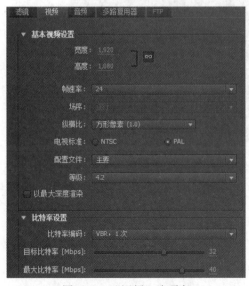

图 5-61　"视频"选项卡

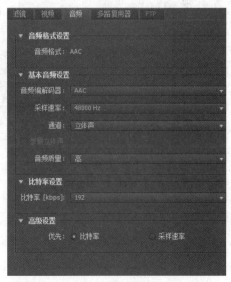

图 5-62　"音频"选项卡

（8）开始导出。经过前面的设置，可以在最下面预览导出后文件的大小（如图5-63所示），单击"导出"按钮完成作品的输出。

图 5-63　预览文件大小

第5章课堂
案例7演示

课堂案例7　输出不同的文件格式

打开项目文件"视频输出"，按 Ctrl+M 组合键，可以在打开的"导出设置"对话框中设置输出文件的不同格式。下面通过案例讲解对同一个作品根据不同需求输出不同格式的文件。

1. 输出单帧图像

（1）将"导出设置"对话框底部的"时间指针" 移动到第23秒9帧处，在"格式"下拉列表框中选择 TIFF，勾选"导出视频"复选框，在"视频"选项卡中取消对"导出为序列"复选框的选择，如图 5-64 所示。

图 5-64　导出单帧图像的设置

（2）设置输出文件的名称为"单帧图像"，导出位置选择"桌面"，单击"导出"按钮将当前时间指针处的帧导出为一幅图像。

2. 输出序列图像

（1）在"格式"下拉列表框中选择 TIFF，在"预设"下拉列表框中选择"PAL DV 序列"，勾选"导出视频"复选框，在"视频"选项卡中勾选"导出为序列"复选框，如图5-65 所示。

图 5-65　导出序列图像的设置

（2）提前在桌面上新建一个名为"图片序列"的文件夹。在"导出设置"对话框中，设置输出文件的名称为"序列图像"，保存位置为桌面上的"图片序列"文件夹，单击"导出"按钮将所选视频片段导出为序列图像。

3. 仅输出音频文件

（1）在"格式"下拉列表框中选择 MP3，在"预设"下拉列表框中选择 MP3 128kbps，勾选"导出音频"复选框，如图 5-66 所示。

图 5-66　导出音频文件的设置

（2）设置输出文件的名称为"音频"，保存位置为"桌面"，单击"导出"按钮将所选范围内所有音频轨道的内容合成为一个音频文件。

习题与思考

一、填空题

1. _____ 是电视、影像和数字电影中的基本信息单元。

2. 在绘制图形的同时按住 _____ 键可以创建等比例的图形，按住 _____ 键可以创建以起点为中心向外扩展的图形。

3. 用 _____ 工具可以将素材切割开来，按住 _____ 键可以将音频和视频同时切割开。

4. 在 Premiere 中为素材添加转场，可以用快捷键 _____，系统默认的转场为 _____。

5. PAL 制式影片的关键帧速率为 _____。

6. 构成动画的最小单位为 _____。

7. 通过按 _____ 键可以为视频创建标记。

8. 导出视频的快捷键是 _____。

9. 默认情况下，Premiere 有 _____ 个视频轨道和 _____ 个音频轨道。

二、思考题

1. Premiere 的功能有哪些？

2. 在素材源监视器窗口中插入素材与覆盖素材的区别是什么？

3. 在节目监视器窗口中"提升"按钮与"提取"按钮有哪些不同？

4. 什么是帧和帧速率？

5. 在 Premiere Pro 中有哪两个监视器窗口？它们的作用是什么？

6. 简述制作一个影片的基本流程。

7. 如何更改影片的持续时间和速度？

8. 如何给视频添加转场效果？

三、操作题

1. 请为《光阴的故事》这首歌制作一个带歌词的 MV。

2. 请用 Premiere 做一个带背景音乐的电子相册来记录你这一周的美好生活。要求背景音乐欢快、积极向上，视频部分可以是多张图片或短视频，总时长控制在 60 秒以内。

第6章
多媒体制作

一个典型的多媒体作品是文本、图形、图像、声音、动画、视频任意几种的组合。多媒体产品有其最大、最突出的特点，即交互性。经过前期处理过的文本、图形、图像、声音、动画、视频只是一个个独立的文件，如何将它们有机地整合在一起并赋予交互功能，从而形成一个完整的多媒体作品，这就需要用到多媒体制作工具。本章通过多媒体创作工具 Authorware 7 的学习，以及课堂案例的具体操作，让读者快速熟悉该软件的功能，创作出完整的多媒体作品。

学习要点

- 多媒体创作工具 Authorware 7 的界面介绍
- Authorware 7 图标的认识与使用
- 变量、函数与表达式
- 库、模块与知识对象
- 多媒体作品的打包与发行

学习目标

- 熟悉 Authorware 7 的界面，掌握菜单栏和工具栏的使用。
- 掌握显示图标、移动图标、擦除图标、等待图标、导航图标、框架图标、交互图标、计算图标、判定图标的使用方法及属性设置并能灵活应用。
- 掌握群组图标、数字电影图标、声音图标、DVD 图标的使用方法及属性设置。
- 学会使用常用的变量、函数与表达式。
- 了解库、模块与知识对象的使用方法。
- 掌握 Authorware 作品的打包与发行。

6.1　多媒体创作工具 Authorware 7 简介

Authorware 7 是一款优秀的可跨平台运行的多媒体创作工具，它以图标和流程线为导向，程序流程操作简单明了，交互能力强，还具有模块和库的功能。Authorware 无须用户掌握传统的计算机编程语言，只需要通过对图标的调用就可以编辑一些控制程序走向的活动流程图，从而让一些不具备编程能力的用户也可以将文本、图形、图像、声音、动画、视频等各种多媒体项目汇聚在一起实现交互功能，进而创作出一些优秀的多媒体作品。

6.1.1　Authorware 7 主界面

Authorware 7 的操作界面如图 6-1 所示，窗口分为标题栏、菜单栏、工具栏、设计窗口、演示窗口、知识对象窗口和图标工具栏。

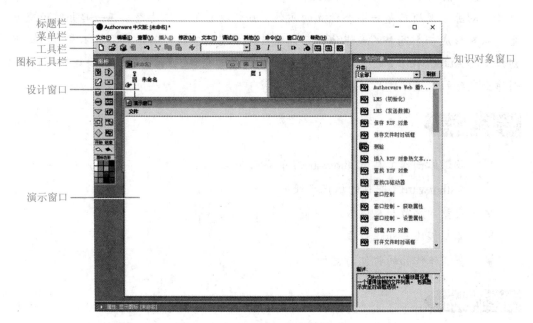

图 6-1　Authorware 7 的操作界面

（1）菜单栏：包含文件操作、编辑、窗口设置、运行控制等一系列的命令和选项。

（2）工具栏：把一些常用的命令以按钮的形式组织在一起，使用户直接单击按钮就可以实现想要的操作。

（3）图标工具栏：提供进行多媒体创作的基本单元——图标，每个图标都具有丰富而独特的作用。

（4）设计窗口：是进行程序设计的基本操作窗口。

（5）知识对象窗口：为用户提供所有的知识对象，可供程序设计调用。

6.1.2　用 Authorware 7 制作多媒体软件的过程

（1）通过"修改"→"文件"→"属性"命令打开"属性：文件"面板，可以设置演示窗口的属性，如图 6-2 所示。

图 6-2　设置窗口属性

（2）在设计窗口中建立图标组合流程，即从图标工具箱中分别拖动相应的设计图标并释放到流程线上。单击每个图标可以输入图标标题，双击图标可以进入每个图标，为图标输入媒体对象，同时设置图标的属性。图 6-3 所示为显示图标的"属性"面板。

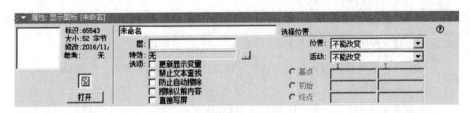

图 6-3　显示图标的"属性"面板

（3）将程序打包，用 Authorware 7 编制的多媒体程序，不仅可以在集成环境下运行，也可以打包成可执行文件脱离该环境独立运行。

> **注意**
>
> 　　打包是一个复杂的过程，要使程序脱离 Authorware 7 集成环境独立运行，必须将相关的外部文件与执行程序放在一起。

在 Authorware 7 作品制作过程中，我们必须随时掌握作品运行的效果，并且进行适当的修改和完善。修改完毕后，选择"调试"→"重新开始"命令或单击 ⏭ 按钮可以执行程序和调试程序，程序运行的结果会在演示窗口中给出。演示过程中，双击需要修改的对象，程序暂停，此时可以修改程序。

6.2　Authorware 7 图标使用及案例制作

Authorware 7 设计窗口可以对不同的媒体进行控制，但不能直接把文字、声音、图像和视频等直接绘制到主流程线上，它们需要相对应的图标来容纳，本节我们将学习图标的使用方法。

Authorware 7 的图标有 17 种，各图标的功能如表 6-1 所示。将鼠标指针放置在图标上并停顿一两秒，就会在该图标下方显示出该图标的名称。

表 6-1　Authorware 7 的图标

图标名称	图标功能
显示图标	用于输入文本、绘制图形或插入图像，并将其显示在演示窗口中，是常用的图标之一
移动图标	可以制作简单的动画，按不同的速度或路经来移动文本、图形、图像对象，也可以移动插入的外部动画或数字电影等对象。它往往与显示图标配合使用
擦除图标	擦除演示窗口中的显示对象，达到切换显示画面的目的，还能够实现各种擦除效果
等待图标	在媒体演示过程中实现暂停功能，当用户单击鼠标、按键或经过预定的时间之后，继续执行程序
导航图标	跳转到框架图标的某个附属图标（称为框架页），用来改变程序的执行流向，其作用类似于 GOTO 语句
框架图标	默认情况下，包含显示、交互、导航图标，用于创建程序的页面结构或共用模块
判断图标	建立程序分支、循环结构，并实现多种分支或循环功能
交互图标	可以实现强大的人机交互功能，它提供了 11 种交互方式，是 Authorware 7 最具代表性的图标
计算图标	主要用来输入和执行程序语句，以完成某种功能，比如用来计算表达式的值，既可以独立使用，也可以与任何设计图标结合使用，以扩展图标的功能
群组图标	将其他设计图标组合在一起形成程序模块，使程序流程简洁清晰，便于阅读或组织
数字电影图标	加载和播放数字电影或动画文件，并控制其播放方式
声音图标	用于加载和播放声音文件，并控制其播放方式
DVD 图标	用于控制外部模拟视频的播放
知识对象	添加知识对象
开始标志	白色的开始标志旗用来设置断点，控制程序的起点位置
停止标志	黑色的停止标志旗用来控制程序的结束位置
图标调色板	给图标着色，以便区分不同用途的图标，便于阅读程序

6.2.1　图形图像和文本处理

图形图像和文本的处理都需要用到显示图标，我们将鼠标指针移到"图标"工具栏中的显示图标上，按住鼠标左键不放，拖动其到流程线上并释放。在默认情况下，图标以"未命名"显示图标名称。单击该设计图标或它的标题，可以为图标正式命名。双击该图标，会弹出相应的演示窗口和一个绘图工具箱，如图 6-4 和图 6-5 所示。

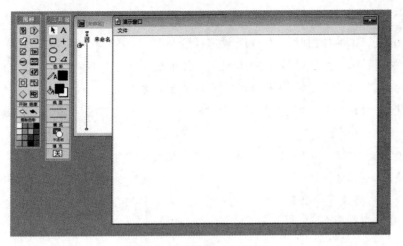

图 6-4　显示图标及演示窗口

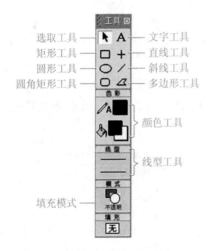

图 6-5　绘图工具箱

1. 图形绘制及处理

在设计时往往需要调整线条的粗细、颜色，有时还需要绘制箭头，对于一些封闭图形（如矩形、椭圆等），还要考虑它们的填充颜色、填充样式等，这些工作都可以通过绘图工具箱来完成。例如图 6-6 所示的效果都是可以通过绘图工具来完成的。

图 6-6　用绘图工具绘制的 Logo

操作技巧

1）"直线"工具绘图时按住 Shift 键可以绘制 0°、45°、90° 的线段。

2）"椭圆"工具绘图时按住 Shift 键可以绘制圆。

3）"矩形"工具绘图时按住 Shift 键可以绘制正方形。

4）使用"修改"→"置于上层"和"修改"→"置于下层"可以设置图形对象的叠放次序。

5）使用"修改"→"排列"可以将多个图形对象排列整齐。

6）使用"编辑"→"选择全部"或 Ctrl+A 组合键可以选取当前窗口中的所有对象。

7）使用"修改"→"群组"可以完成多个对象的组合。

2. 文本对象导入及处理

当需要导入外部文本时，可用以下 3 种方法实现：

● 复制、粘贴。

● 拖入文本。选中需要粘贴的文本，按住鼠标左键不放，将其拖动到设计窗口流程线上，释放左键。

● 加载文本文件。单击"导入"按钮（如图 6-7 所示），在弹出的对话框中选择需要的文本文件可自动在流程线上添加一个或多个带文本的显示图标。

图 6-7 "导入"按钮

使用绘图工具箱中的"文字"工具 A 可以方便地创建文本对象并对其进行编辑。文字的属性如字体、字号、风格、对齐、样式等都可以通过"文本"菜单来实现，如图 6-8 所示。

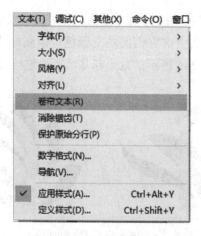

图 6-8 "文本"菜单

3. 图像的导入与处理

当需要导入外部图像时，可用以下3种方法实现：

● 复制、粘贴。

● 拖入图像。选中所需图像文件，按住鼠标左键不放，将其拖动到设计窗口流程线上，释放左键。

● 导入文件。单击"导入"按钮，在弹出的对话框中选择需要的图像文件可自动在流程线上添加一个或多个显示图标。

当导入的外部图像仍不符合要求时，可通过属性设置对其进行编辑，这种编辑是在"属性"对话框中完成的。双击演示窗口中的"图像对象"将会弹出如图6-9所示的"属性：图像"对话框。

单击"属性：图像"对话框左侧的"导入"按钮可以重新导入图像文件，"图像"选项卡中的"文件"表示图像对象的来源，"存储"表示图像对象的存储方式，"模式"下拉列表框中列出了文件的显示模式，如图6-10所示。

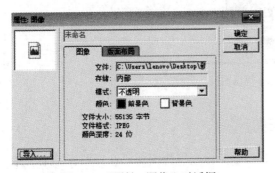

图6-9 "属性：图像"对话框

图6-10 图像的显示模式

"颜色"选择按钮可以选择用户需要的前景色和背景色。在"版面布局"选项卡的"显示"下拉列表框中列出了图像的3种显示方式：比例、原始和裁切。当选择"比例"时，图片可以任意缩放；当选择"原始"时，如果要改变图片的大小，系统将弹出一个提示框，询问用户是否真要改变图片大小；当选择"裁切"时，图片的大小不变，当调整图片时相当于对图片进行裁切。

4. 擦除图标与等待图标的应用

擦除图标的作用是把显示在演示窗口中的内容用丰富的动画效果擦除，擦除图标擦除的内容是图标中所有的内容，如果不想一次擦除一个图标内的所有内容，则必须将这个图标里的内容分别显示在不同的图标里。

拖动擦除图标到流程线上，运行程序时会自动弹出"属性：擦除图标"面板，提示用户"点击要擦除的对象"，用户对演示窗口中的对象进行点击后其图标名称会出现在"被擦除的图标"单选按钮右边的列表框中，如图6-11所示。

等待图标的作用是把程序进程的控制权转移到用户手中，使用它可以在程序中设置一定时间或不定时间的停留，这样使画面停顿以便观看或等待用户进一步操作，其属性设置如图 6-12 所示。"事件"复选框指定用来结束处于等待状态的事件，分为"单击鼠标"结束等待和"按任意键"结束等待两种。"时限"文本框用来输入等待的时间，单位是秒，当输入的时间到了以后结束等待状态。"选项"复选框用于指定等待图标的内容，如果选择"显示倒计时"复选框，等待时将会在演示窗口中出现一个倒计时的闹钟；如果选择"显示按钮"复选框，等待时会在演示窗口中出现一个"继续"按钮。

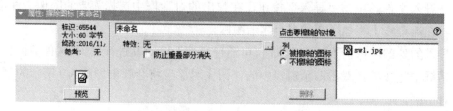

图 6-11 "属性：擦除图标"面板

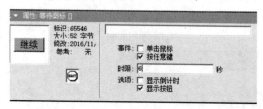

图 6-12 "属性：等待图标"面板

第 6 章课堂
案例 1 演示

课堂案例 1 美丽的天鹅

本案例主要使用显示图标、擦除图标、等待图标、计算图标等来制作一个"美丽的天鹅"纯欣赏作品。

（1）双击桌面上的 Authorware 7 快捷图标进入 Authorware 7 界面，在弹出的"新建"知识对象窗口中单击"取消"按钮，如图 6-13 所示。

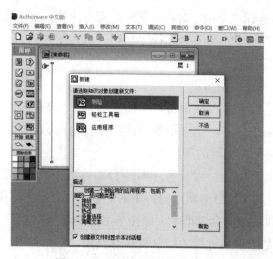

图 6-13 "新建"知识对象窗口

（2）保存文件为"美丽的天鹅 .a7p"，通过"修改"→"文件"→"属性"（或按
Ctrl+Shift+D 组合键）打开"属性 : 文件"面板，将背景颜色改为纯黑色，背景大小设为
800×600。

（3）在流程线上放置一个显示图标并命名为"背景"，双击该图标后可见空白的演示
窗口，在此状态下选择"插入"→"图像"命令导入本案例"素材"文件夹下的"天鹅
LOGO.jpg"并放置在窗口的右上角。

（4）拖动一个显示图标到流程线上并命名为"频道"，双击该图标，在演示窗口中利
用椭圆、多边形、斜线等工具绘制卡通动物形象，用"文本"工具书写"动物频道"文字，
并通过"文本"菜单修改其字体、大小等属性，效果如图 6-14 所示。

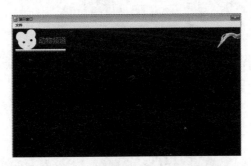

图 6-14　"动物频道"显示图标效果图

（5）拖动一个显示图标到流程线上并命名为"文字"，用"文本"工具书写"精彩"二
字，颜色为"红色"，字体为"华文行楷"，大小为 80，然后单击选中它并复制一份。

（6）粘贴上一步复制的文字，然后移动一点位置，形成阴影文字效果，"马上呈现"
文字的制作方法与此相同，效果如图 6-15 所示。

图 6-15　阴影文字效果图

（7）拖动一个声音图标到流程线上并双击，在打开的"属性：声音图标"面板中单击"导入"按钮，导入本案例"素材"文件夹下的"春之歌 .mp3"并设置其属性，如图 6-16 所示。

图 6-16　声音图标属性设置

（8）拖动一个等待图标到流程线上并设置其属性，如图 6-17 所示。

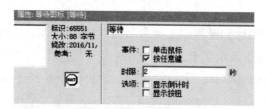

图 6-17　等待图标属性设置

（9）拖动一个擦除图标到流程线上，在演示窗口中点击要擦除的对象，即背景、频道、文字 3 个显示图标中的内容，在被擦除的图标里就会出现这 3 个图标，如图 6-18 所示。或者直接在流程线上分别拖动"背景"显示图标、"频道"显示图标、"文字"显示图标到擦除图标上，也可实现此擦除效果。

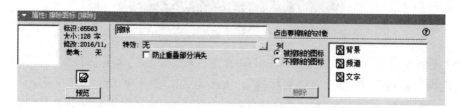

图 6-18　擦除图标属性设置

（10）拖动一个计算图标到流程线上并命名为"停留时间"，设置一个变量 t1 并赋值为 2，实现停留变量的定义与赋值，如图 6-19 所示。

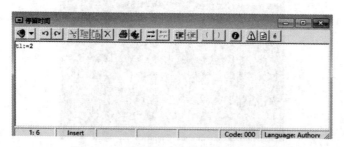

图 6-19　计算图标内变量的定义与赋值

（11）拖动一个群组图标到流程线上并命名为"天鹅组"，双击进入群组下一层流程线，通过导入方式一次性将本案例"素材"文件夹下的 8 张天鹅图片导入进来，如图 6-20 所示。

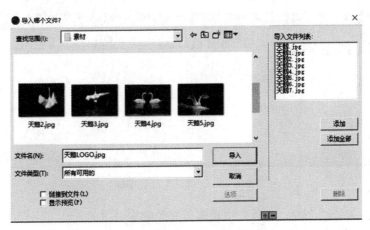

图 6-20　批量导入文件示意图

（12）在"天鹅组"两两显示的图标之间放置一个等待图标，时间为 t1 变量。右击天鹅的显示图标，选择特效，为每一张天鹅图片选择不同的特效，这样每张天鹅图像都会按不同的方式来展现，如图 6-21 和图 6-22 所示。

图 6-21　显示图标特效设置

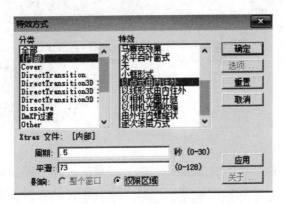

图 6-22　特效方式设置

（13）在第一层流程线的最后放置一个计算图标并命名为"循环"，通过 GoTo(IconID@" 天鹅组 ") 语句实现作品的循环展示，如图 6-23 所示。

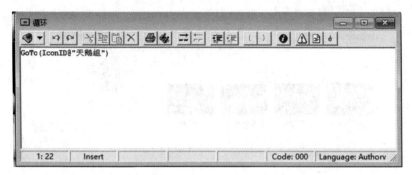

图 6-23　"循环"计算图标

（14）单击工具栏上的"运行"按钮即可开始欣赏美丽的天鹅。

6.2.2　声音、数字电影、视频与动画的处理

声音是极其重要的携带信息的媒体，也是多媒体创作的重要组成部分之一。Authorware 7 支持的声音文件格式有 WAVE、SWA、MP3 Sound、AIFF、PCM、VOX 等。声音对象的导入通过声音图标实现，在流程线上放置声音图标并命名，在下方的声音属性面板中单击"导入"按钮，在弹出的"导入哪个文件"对话框中选择需要的声音文件。

数字电影一般来源于动画软件和视频捕获工具、视频编辑软件处理的数字电影文件，数字电影文件通过数字电影图标实现，Authorware 7 支持的数字电影文件格式有 DIR、AVI、MOV、FLC、MPG 等，导入方法与声音的导入方法类似。

GIF 动画的导入、Flash 动画的导入和 QuickTime 视频文件的导入都可通过"插入"菜单"媒体"子菜单中的相应命令完成，如图 6-24 所示。

图 6-24　导入媒体文件的方法

媒体同步是指在媒体（声音或数字电影）播放的过程中同步显示文本、图形、图像和其他内容。拖动一个图标放置到流程线上声音图标的右侧就会出现一个媒体同步分支，同时该设计图标会自动成为一个媒体同步图标，单击该图标就可以打开"属性：

媒体同步"面板，如图 6-25 所示。按照同样的方法可以实现数字电影的媒体同步，如图 6-26 所示。

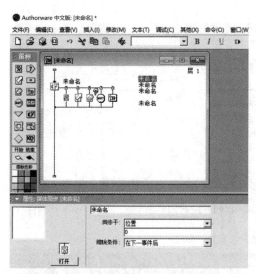

图 6-25　声音媒体同步及属性设置

图 6-26　数字电影媒体同步及属性设置

这样就可以根据媒体同步和声音、数字电影的属性来给歌曲配画面，给电影配字幕和声音。下面通过一个案例来学习声音媒体同步的制作方法，数字电影配音、配字幕的方法与此相同，这里就不赘述了。

课堂案例 2　歌曲变 MV

本案例主要使用媒体同步来给歌曲配画面，让单调的歌曲变成 MV，增加作品的视觉感和画面感。

第 6 章课堂
案例 2 演示

（1）新建一个文件，保存为"案例 2- 歌曲变 MV.a7p"。

（2）在流程线上拖动一个计算图标并命名为 window，通过 ResizeWindow 函数来设置窗口大小为 600×500，如图 6-27 所示。

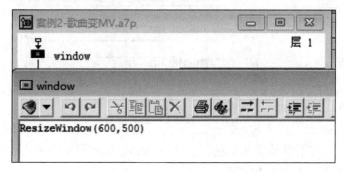

图 6-27　窗口大小设置

当使用"修改"→"文件"→"属性"命令打开"属性：文件"面板而"大小设置"选项无法满足窗口大小的要求时，可用计算图标来设置任意大小的窗口。

（3）在流程线上放置声音图标，导入本案例"素材"文件夹下的"鸭子.mp3"文件，设置其"计时"属性，如图6-28所示。

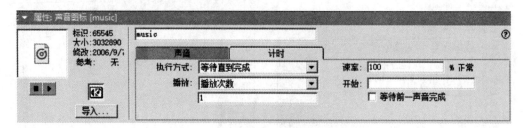

图6-28　声音图标"计时"属性设置

（4）在声音图标的右侧放置9个群组图标并按歌词命名以方便查看，如表6-2所示。单击同步图标，在媒体同步属性中分别设置同步的时间与擦除条件，如图6-29所示。

表6-2　媒体同步属性

群组标号	名称	同步于（秒）	擦除条件
第一个	过门	0	在下一事件后
第二个	淋雨	10	在下一事件后
第三个	溜冰	20	在下一事件后
第四个	高傲的鸭子	45	在下一事件后
第五个	去吧1	51	在下一事件后
第六个	找你	80	在下一事件后
第七个	去吧	103	在下一事件后
第八个	qu ba	120	在下一事件后
第九个	结束	144	在下一事件后

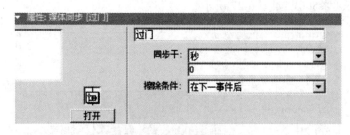

图6-29　媒体同步属性设置

（5）在每一个群组里放置相应的图、文、Flash、GIF等媒体来充实MV，具体流程图和效果图如图6-30至图6-38所示。

图 6-30　"过门"群组流程图与效果图

图 6-31　"淋雨"群组流程图与效果图

图 6-32　"溜冰"群组流程图与效果图

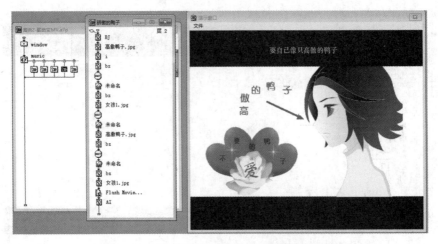

图 6-33　"高傲的鸭子"群组流程图与效果图

图 6-34　"去吧 1"群组流程图与效果图

图 6-35　"找你"群组流程图与效果图

图 6-36 "去吧" 群组流程图与效果图

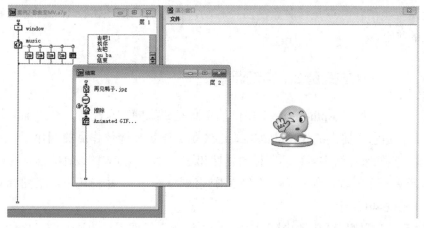

图 6-37 qu ba 群组流程图与效果图

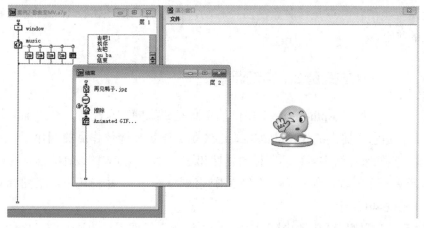

图 6-38 "结束" 群组流程图与效果图

此类作品主要是媒体同步，首先确定好歌曲，选取好素材，注意素材的扩展名，根据其格式采取不同的操作导入。如果是 jpg 图片，则用显示图标导入；如果是 GIF、Flash 动画等，则通过"插入"→"媒体"命令完成。然后播放音乐，打开歌词文本文档，在需要断句的地方做好时间记号。接着拖动声音图标，导入选中的音乐，拖动群组在声音图标的右侧，写好群组名字，设置好时间。最后配词和画面，美化作品内容，通过擦除和显示图标的特效可形成文字、图片的动画效果，让作品更具有灵动感。

6.2.3 动画设计

Authorware 7 通过移动图标实现了动画功能。在移动图标的使用中，要注意一个移动图标只能控制一个独立对象的运动。移动图标提供了 5 种运动方式：指向固定点、指向固定直线上的某点、指向固定区域内的某点、指向固定路径的终点、指向固定路径上的任意点，如图 6-39 所示。

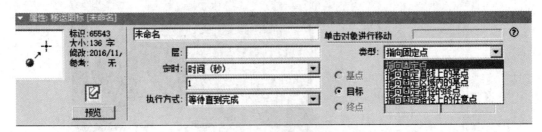

图 6-39　移动图标的 5 种移动类型

指向固定点是指对象直接移动到终点，即从演示窗口的当前位置直接移动到另一个位置。指向固定直线上的某点是指对象从当前位置移动到一条直线上的某个位置，起始位置可以位于直线之上，也可以位于直线之外，但终点位置一定位于直线上。指向固定区域内的某点是指使显示对象在一个坐标平面内移动。指向固定路径的终点是指使显示对象沿预定路径的起点移动到路径的终点并停留在终点，路径可以是直线也可以是曲线。指向固定路径上的任意点是指对象沿路径移动，但最后停留在路径上的任意位置而不一定是路径的终点。

第 6 章课堂
案例 3 演示（1）

课堂案例 3　神奇课堂

虽然 Authorware 7 提供的动画是二维的，只能在一个平面里运动，但是它所提供的 5 种动画方式已经足够满足多媒体作品的制作了。本例通过"神奇课堂"案例来详细讲解移动图标的属性和这 5 种动画方式的设计方法。

（1）新建一个文件，保存为"案例 3- 神奇课堂 .a7p"，并将其用群组图标划分为几个版块，如图 6-40 所示。

（2）"开篇"群组流程图如图 6-41 所示，"标题"显示图标为演示窗口中的"神奇课

堂"文字的阴影文字,"开课啦"为普通文本,两个 GIF 动画分别为本案例"素材"文件
夹下的"欢迎 .gif"和"走路 .gif",第一个计算图标为重设窗口大小,最后一个计算图
标为擦除窗口中所有的对象。移动图标所实现的功能是"走路 .gif"对象从窗口的最左侧
移动到窗口的最右侧,为指向固定点动画。操作方法:拖动移动图标到流程线上,当在
屏幕下方出现移动图标的属性时选择移动类型为"指向固定点",同时此面板还会提示用
户单击演示窗口中的显示对象作为移动对象,此时单击演示窗口中的人物作为移动对象,
选定移动对象之后移动图标的属性面板就会提示拖放移动对象到目的位置。本例中将人
物拖动到演示窗口的最右边并设置其完成时间为"5 秒",执行方式为"等待直到完成"。
这样就完成了指向固定点的动画操作,人物将会从演示窗口的最左侧移动到最右侧,效
果图如图 6-42 所示。

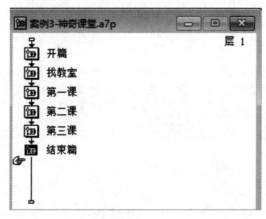

图 6-40 "神奇课堂"版块

图 6-41 "开篇"群组流程图

图 6-42　"开篇"群组效果图

第 6 章课堂
案例 3 演示（2）

（3）"找教室"群组实现的是人物沿着圆滑的路径移动到终点，需要设置移动图标中的"指向固定路径的终点"属性来实现，流程图和效果图如图 6-43 所示。

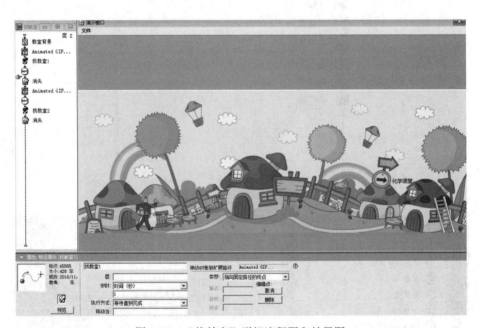

图 6-43　"找教室"群组流程图和效果图

首先为"教室背景"图片设置显示图标，接着为人物的 GIF 动画再设置一个"指向固定路径终点"的动画，实现人物沿着道路从第一个房间走到第二个房间门前的过程。具体操作：先拖动一个移动图标到流程线上，然后在其属性面板中选择移动类型为"指向固定路径的终点"，按提示长按鼠标左键选择人物，此时人物中心会出现一个黑色的三角形，表示移动对象的运动起点，拖动移动对象"人物"（不要误拖动黑色的三角形）到道路上的某一个点松开鼠标左键，此时会出现一个空心的三角形拐点，称为路径的关键点，一直拖动到完成所有的关键点，直到第二个房子的门前。运行发现人物的移动比较生硬，那是因为拐角比较生硬，此时双击三角形拐点，会发现其变成圆形拐点并且路径变得圆滑，再次双击又会变成三角形，此处选择圆形拐点。如果操作过程中出现错误，可以单击属性板面中的"撤消"和"删除"按钮来进行修改。具体路径参照图 6-43 和图 6-44。

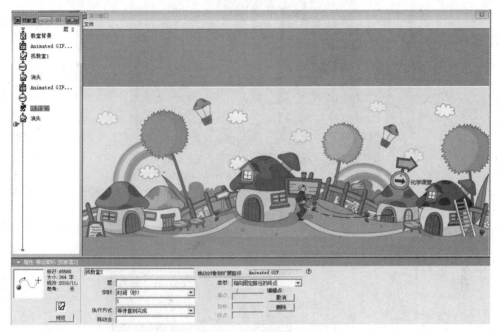

图 6-44　设置"指向固定路径终点"

用等待图标实现人物在第二个房间门前停留 1 秒，然后通过擦除图标让其消失，接着人物在第二条路的起始位置出现，按同样的方法实现其走到化学教室，并在化学教室门前消失。

（4）"第一课"群组通过移动红色滑块和控制水温来控制水分子的运动速度，需要设置图标中的"指向固定路径的终点"属性来实现，流程图和效果图如图 6-45 所示。第一个"白背景"显示图标内为纯白色的矩形，为了遮住背景颜色；第二个"课桌"显示图标为一条"灰色"的矩形条，放置在演示窗口的下方，这是为了让界面和"化学课背景"相融合；"化学"显示图标为文字部分，烧杯、温度计、水分子均为绘制图形得到。固定路径终点 1、2、3 移动图标分别实现水分子 1、2、3 的移动，再绘制红色的滑块，即"水温刻度"图标，通过移动它来控制水分子的移动速度。最后等待 2 秒，跳转到下一个群组运行。

（5）实现水分子运动的具体操作：首先拖动一个移动图标，在出现的属性面板中选择动画类型为"指向固定路径的终点"，然后单击演示窗口中的"水分子"并拖动出水分子的运动轨迹，如图 6-46 所示。

（6）要实现滑块控制水分子的运动速度，需要设置"水温刻度"显示图标的属性，设置"位置"和"活动"属性均为"在路径上"，拖动小滑块设定滑块移动的路径，如图 6-47 所示。由于小滑块移动的路径表示温度的变化，因此数据与刻度要吻合，基点为 0，终点为 10。

第 6 章课堂
案例 3 演示（3）

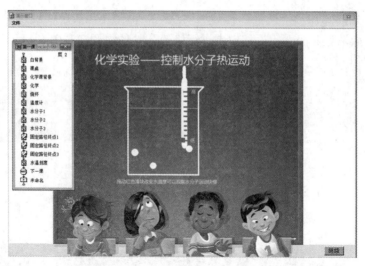

图 6-45　"第一课"群组流程图和效果图

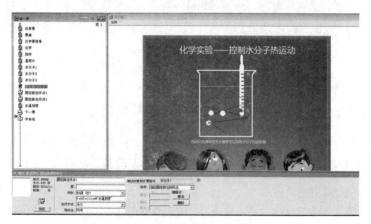

图 6-46　"水分子"动画属性设置

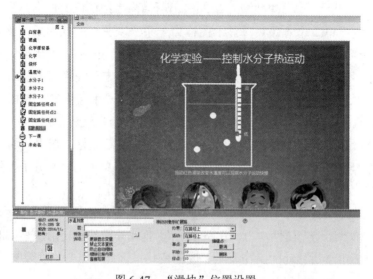

图 6-47　"滑块"位置设置

（7）要能控制水分子的运动速度，就必须对拖入的移动图标分别进行属性设置，此处以"水分子 1"为例，"固定路径终点 1"移动图标的属性设置如图 6-48 所示。在属性设置中引用 PathPosition 系统变量，表示返回其引用的设计图标在显示路径上的位置，符号 @ 是引用符号，与设计图标名称联用返回该设计图标的 ID 号，这里需要注意的是设计图标的名称一定要用英文状态下的双引号引起来。设置执行方式为"永久"，当 TRUE 时移动。"水分子 2"和"水分子 3"的移动属性设置与此类似。

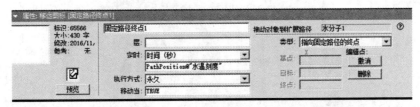

图 6-48 "水分子 1"移动属性设置

（8）设置等待图标"下一课"需要先将按钮显示出来，所以在其属性面板中勾选"显示按钮"前的复选框，如图 6-49 所示。

图 6-49 显示"下一课"等待图标

（9）进入下一课通过计算图标实现，需要用到 GoTo 函数，表示程序的流程走向，GoTo(IconID@" 第二课 ") 表示跳转到名称为"第二课"的图标继续执行流程，如图 6-50 所示。

图 6-50 跳转语句

（10）"第二课"群组每次运行时箭都会射入绘制区域中的某一点，需要设置移动图标中的"指向固定区域内的某点"属性来实现，流程图与效果图如图 6-51 所示。

第 6 章课堂案例 3 演示（4）

（11）首先利用系统函数 EraseAll() 擦除前面演示窗口中的所有对象，显示图标展示靶场背景，此处因为"箭"是需要移动到靶区域中的某个地方的，所以"箭"必须由一个单独的显示图标来显示，通过计算图标"随机数"来完成指向固定区域内的某一个点，每次都是变化的点，设置两个变量 x 和 y 并为其赋予随机值（5、6、7、8、9、

10)。接着拖动移动图标到流程线上，在弹出的属性面板中选择类型为"指向固定区域内的某点"，基点为 5，终点为 10，每次运动到的目的点为变量 x、y，执行方式为"永久"，远端范围为"在终点停止"，射箭耗时为 1 秒。

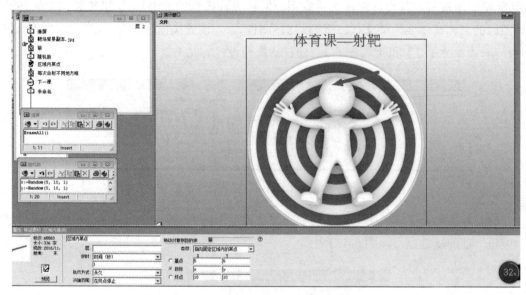

图 6-51 "第二课"群组流程图与效果图

（12）按照同样的方法实现"下一课"的跳转，具体设置如图 6-52 所示。

图 6-52 "第三课"跳转属性设置

（13）"第三课"群组实现动物的眼睛来回移动的效果，需要设置移动图标中的"指向固定路径上的任意点"属性来实现，流程图与效果图如图 6-53 所示。

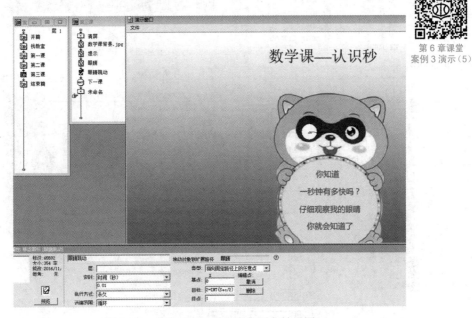

图 6-53　"第三课"群组流程图和效果图

（14）首先仍然通过擦除函数实现清屏，因为眼睛需要移动，所以单独设置为一个显示图标。接着调出其"属性"面板，在"类型"下拉列表框中选择"指向固定路径上的任意点"，移动路径按图 6-53 所示设置，"执行方式"设置为"永久"，在"远端范围"下拉列表框内选择"循环"，在"定时"文本框内输入 0.01，在"目标"文本框内输入 sec/2=INT(Sec/2)，在"基点"文本框内输入 0，在"终点"文本框内输入 1。最后按照群组 2 的办法实现"结束篇"的跳转。

（15）"结束篇"群组实现了拖动滑块、浏览长卷的功能，效果如图 6-54 所示。需要设置移动图标中的"指向固定直线上的某点"属性来实现，流程图如图 6-55 所示。

图 6-54　"结束篇"群组效果图

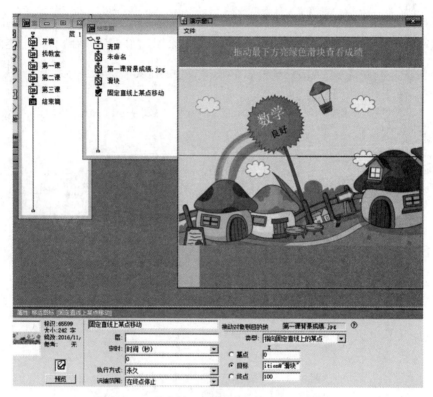

图 6-55　"结束篇"群组流程图及移动属性设置

（16）此实例需要移动滑块，所以亮绿色的滑块需要单独用一个显示图标显示。"第一课背景成绩"图片需要比显示窗口要大得多，所以在开始清屏的同时还需要通过 ResizeWindow 函数将窗口改小，设置方法如图 6-56 所示，这样才能实现滑动浏览的效果。

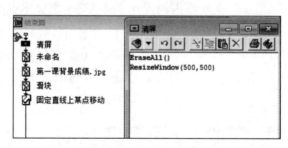

图 6-56　设置窗口大小

（17）设置滑块的位置、基点、初始和终点。"滑块"显示图标的位置属性设置如图 6-57 所示。

（18）添加一个移动图标，移动目标为"第一课背景成绩"图片，单击图标调出其属性面板，在"类型"下拉列表框中选择"指向固定直线上的某点"，拖动图标形成移动路径，"执行方式"设置为"永久"，"远端范围"选择"在终点停止"，在"定时"文本框内输入 0，在"目标"文本框内输入"PathPosition@" 滑块 ""，在"基点"文本框内输入 0，在"终点"文本框内输入 100，如图 6-58 所示。

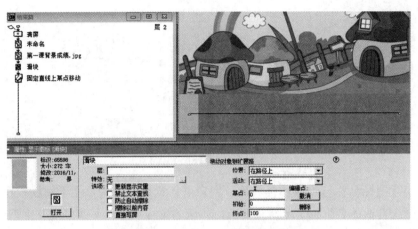

图 6-57 "滑块"的位置属性设置

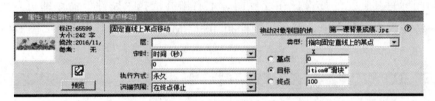

图 6-58 "指向固定直线上的某点"属性设置

（19）单击工具栏上的"运行"按钮即可开始神奇课堂的学习。

6.2.4 交互设计

Authorware 7 提供了强大的交互功能来实现人机交互，其交互功能均由交互作用分支结构来实现，它由"交互"图标和"响应"图标共同构成。单独的交互图标或者单独的响应图标没有任何意义。交互作用分支结构如图 6-59 所示。

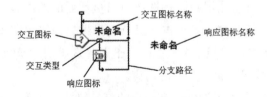

图 6-59 交互作用分支结构图

- 交互图标：与其右边的响应图标一起实现画面和功能的跳转。
- 响应图标：为交互图标右边横向排列的所有控件实现用户在执行此步交互后的效果。要注意交互图标、框架和决策判断图标不能直接作为响应图标放置于交互图标的右边。
- 分支路径：为响应图标中程序执行完以后机器读取程序的方向，即箭头的指向。
- 交互类型：为用户进入响应图标所要完成的操作的不同类型。Authorware 7 提供了 11 种交互类型，如图 6-60 所示。

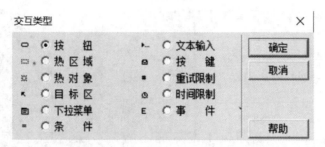

图 6-60　交互类型

● 交互图标名称与响应图标名称：用户可任意设定，为了便于阅读程序，给其取一个合适的名称也是非常重要的，相应的图标名称对于某些交互类型（如条件、文本输入等）还具有另外的功能，后面的案例中会有介绍。

交互图标有其自己的属性，在交互图标上右击并选择"属性"命令即可看到其属性面板，属性面板由交互作用、显示、版面布局和 CMI 四个选项卡构成，如图 6-61 所示。

图 6-61　交互图标的属性面板

（1）"交互作用"选项卡。用于设置与交互相关的选项，"擦除"确定何时擦除交互图标的显示内容，"擦除特效"指定擦除时的效果，"选项"包含"在退出前中止"和"显示按钮"，使用"在退出前中止"表示程序在退出交互作用分支结构时系统会暂停执行下一个设计图标，这样可以让用户自行选择何时执行后面的内容，当用户要执行后面的内容时，可按键盘上的任意键或者单击。只有选择了"在退出前中止"，"显示按钮"复选框才会处于可执行状态，当选择"显示按钮"复选框时，会在演示窗口中显示一个"继续"按钮，单击该按钮可执行后面的内容。

（2）"显示"选项卡。用于设置交互图标的显示属性，如图 6-62 所示。

图 6-62　交互图标的"显示"选项卡

"层"与显示图标中的层属性一样，可以设置数字大小表示哪个交互位于上层，哪个位于下层。其余属性也与显示图标中的一样，在此不再赘述。

（3）"版面布局"选项卡。设置交互图标在屏幕上的位置，具体设置如图6-63所示。

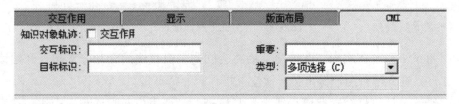

图6-63　交互图标的"版面布局"选项卡

（4）CMI选项卡。提供了管理教学方面的属性，如图6-64所示。

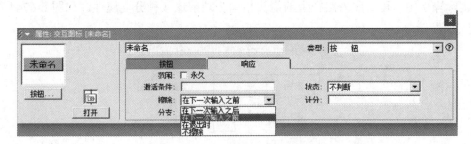

图6-64　交互图标的CMI选项卡

Authorware 7中交互控制的类型有11种，它们存在着一些共同的属性，当我们观察交互图标的属性面板时，会发现不管选择哪种类型的交互都会有一个相同的属性面板，那便是"响应"属性设置选项卡，如图6-65所示。

图6-65　交互图标"响应"属性

1）范围：只有一个"永久"复选框，其属性设置与"分支"属性一起才起作用。

2）激活条件：用于设置使响应起作用的条件。

3）擦除：用于设置何时擦除响应图标中的内容。系统提供了以下4种供用户选择：

● 在下一次输入之后：用户在此交互作用分支结构中进行下一次交互的同时将其相应分支路径中的程序在演示窗口中的显示内容擦除。

● 在下一次输入之前：系统的擦除时间为执行完该响应图标时。

● 在退出时：只有在计算机退出当前的交互作用分支结构时才擦除该处交互作用在演示窗口中所显示的内容。

● 不擦除：在计算机读取完其中的程序以后，只要不特地设置擦除图标将该处演示窗口中的显示内容擦除，其显示内容将始终存在。

4）分支：用于设置执行完响应图标内容后程序的走向。此时，"分支"属性中的选项会随"范围"属性设置的不同而不同，选中"永久"复选框会多出一个"返回"选项，如图 6-66 所示。

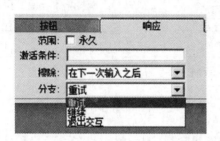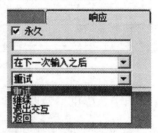

图 6-66　"分支"属性设置

● 重试：系统在响应完此处交互后将会回到主流程线的交互分支起点开始读取程序，在此等待用户做出另一次交互操作。
● 继续：计算机会在此流程线上反复检查，等待用户匹配该响应操作，在系统响应完此处交互后，计算机又回到闭合矩形的路径上等待下一次匹配响应操作。
● 退出交互：当系统响应完此分支类型的交互程序后，将回到主流程线上读取程序。
● 返回：等待用户匹配的操作随时响应，执行完毕后，返回到原来的调转起点继续往下执行。

实际操作中，可对照着路径上的箭头指向去理解这 4 种分支属性，如图 6-67 所示。

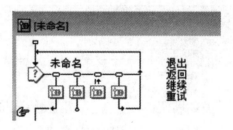

图 6-67　分支属性路径流向图

5）"状态"下拉列表框：用于标记编辑窗口中的响应图标，其中的 3 个选项：正确响应、错误响应、不判断，分别对应响应图标名称左边的 +、- 和空格，如图 6-68 所示。

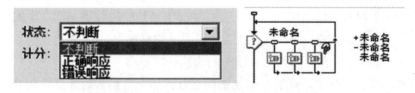

图 6-68　状态及其对应的响应图标

6）"计分"文本框：其中输入的数值和表达式与系统变量 TotalScore 相关联，可以在演示窗口中显示用户的得分。

课堂案例 4　游戏天地

Authorware 7 提供了丰富的交互方式，现在通过"游戏天地"案例来详细介绍各种交互方式的功能，感受它们的特点和特色，体会人机交互的乐趣。

（1）新建一个文件，保存为"案例 4- 游戏天地 .a7p"。通过计算图标将屏幕的大小改为 837×409，如图 6-69 所示。

图 6-69　屏幕大小设置

（2）在流程线上拖动一个群组图标并命名为"登录"，"登录"版块实现的功能是用户进入游戏天地界面会出现一个文本框提示用户输入登录账号，如果输入正确账号则进入"游戏选择"版块；如果输入错误则提示"密码错误，请重新输入"；如果连续三次输入错误，则提示"三次密码错误，系统即将自动退出"，继而等待 2 秒，退出系统。为了使用户在操作过程中不能拖动其他元素，故右击"主界面 .jpg""三次机会退出"和"*"群组图标，在弹出的快捷菜单中选择"计算"命令，通过"Moveable:=0"实现其不能移动，具体流程图如图 6-70 所示。

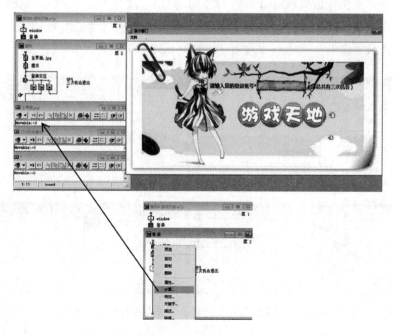

图 6-70　"登录"版块流程图

双击打开"登录"群组，进入第 2 层，在其流程线上导入"主界面 .jpg"，再拖动显示图标，输入"请输入您的登录账号"和"您总共有三次机会"提示文字。然后拖动交互图标到流程线上，再拖动群组图标到其右侧，弹出"属性：交互图标"面板，在"类型"下拉列表框中选择"文本输入"，并将该群组命名为 qxq，将响应分支改为"退出交互"，进入 qxq 群组。在第 3 层流程线上拖入一个计算图标，通过 EraseAll() 函数实现将前面所有的对象擦除。交互流程图与属性设置如图 6-71 所示。

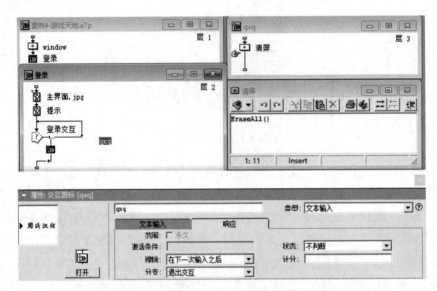

图 6-71　文本输入交互流程图与属性设置

拖动一个群组图标放置在 qxq 群组的右侧，弹出"属性：交互图标"面板，在"类型"下拉列表框中选择"重试限制"并将该群组命名为"三次机会退出"，单击"重试限制"选项卡，在"最大限制"文本框中输入 3，如图 6-72 所示。

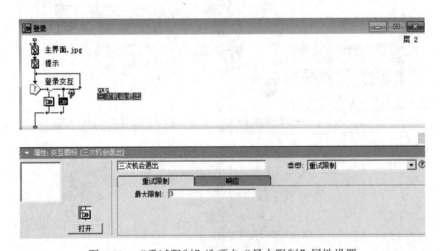

图 6-72　"重试限制"选项卡"最大限制"属性设置

选择"响应"选项卡，按图 6-73 所示进行设置。

图 6-73 "响应"属性设置

双击"三次机会退出"群组进入第 3 层，先拖动显示图标到流程线上，显示提示文字"三次密码错误！系统即将自动退出！"；然后拖动等待图标，设置等待时间为 2 秒；最后拖动计算图标，通过 Quit() 函数实现系统的自动退出。具体流程图与效果图如图 6-74 所示。

图 6-74 "三次机会退出"群组流程图与效果图

继续拖动一个群组图标放置在"三次机会退出"群组的右侧，设置交互类型为"文本输入"，并将该群组命名为"*"，表示输入任何文本都将执行该流程的内容；在"响应"选项卡的"分支"下拉列表框中选择"重试"，进入"*"群组；拖动显示图标到流程线上，显示文字为"密码错误，请重新输入！"，如图 6-75 所示，这样"登录"功能就做好了。

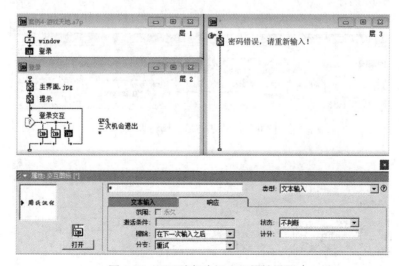

图 6-75 "三次机会退出"属性设置

（3）回到第 1 层主流程线上，在"登录"群组的后面再放置一个群组图标，命名为"游戏选择"。双击"游戏选择"群组图标进入第 2 层，在第 2 层流程线上先导入"游戏选择界面 .jpg"并通过计算属性将其设置为不可移动，然后拖动 3 个显示图标，在这 3 个显示图标中分别输入文字"拼图游戏""几何画板""趣味测试"，注意必须分 3 个对象，如图 6-76 所示。

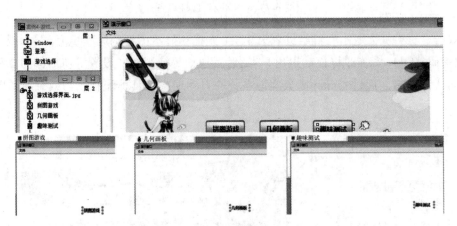

图 6-76　"拼图游戏""几何画板""趣味测试"显示图标示意图

接下来通过"热对象"交互来实现单击这 3 个文字对象则进入其响应的分支。在流程线上放置交互图标，在其右侧依次放置 3 个群组图标，交互类型均设置为"热对象"并依次命名为"拼图""画板""测试"。单击"拼图"图标的"热对象"选项卡，按照提示单击演示窗口中的"拼图游戏"文字，即"拼图游戏"显示图标，把它定义为本反馈图标的热对象；在"匹配"下拉列表框中选择"单击"，如果需要实现单击"拼图游戏"这 4 个字时文字加亮，则勾选"匹配时加亮"复选框，"鼠标"设置为"手形"。在"响应"选项卡中设置"擦除"为"在下一次输入之后"，"分支"设为"重试"。具体属性设置如图 6-77 和图 6-78 所示。

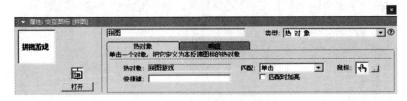

图 6-77　"热对象"属性设置

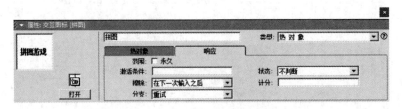

图 6-78　"响应"属性设置

　　按照同样的方法将"几何画板"和"趣味测试"两个显示图标设置为它们的反馈图标的热对象并设置好相应的属性。这样就实现了在演示窗口中分别单击"拼图游戏""几何画板""趣味测试"三组文字便进入相应的分支流程。"游戏选择"群组流程图与效果图如图 6-79 所示。

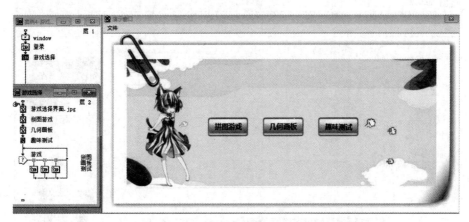

图 6-79　"游戏选择"群组流程图与效果图

（4）分别制作"拼图游戏""画板游戏"和"测试游戏"版块。

　　首先双击"拼图游戏"群组，进入第 3 层，因为拼图游戏与前面界面具有不同的背景，所以先拖动计算图标，通过函数实现擦除前面所有对象的功能，如图 6-80 所示。

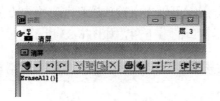

图 6-80　计算图标设置

　　接着导入"拼图背景 .jpg"，可以同时导入分图并摆放在正确的位置，然后参考图片位置绘制出九宫格，如图 6-81 所示。

图 6-81　绘制九宫格

导入"全图 .JPG"，并在此显示图标中写好如图 6-82 所示的提示文字。

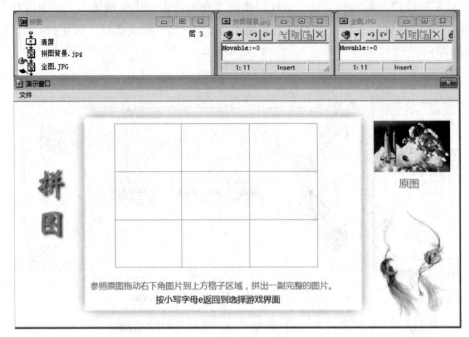

图 6-82　提示文字和提示图片示意图

导入分图，虽然大部分是 GIF 文件，但却是静止图像，所以也可以用导入图像的方式一次性导入所有的 9 张分图。可以先直接放置在九宫格内方便后面的"目标区"交互，最后再打乱次序放置在演示窗口的右下角，如图 6-83 所示。

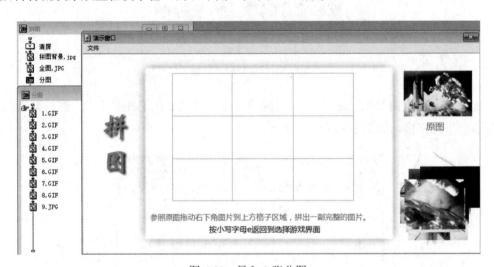

图 6-83　导入 9 张分图

拖动交互图标到流程线上，继而拖动计算图标放在交互图标的右侧，设置计算图标的交互类型为"按键"响应，以便实现"按小写字母 e 返回到选择游戏界面"。具体的设置流程如图 6-84 所示。

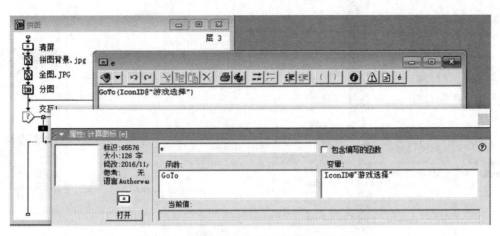

图 6-84　"按键"交互与计算图标属性设置

现在来实现"拼图游戏"的核心功能。"拼图"顾名思义，即用若干的图形拼块组合成一个完整的图形。我们可以将每一个图形拼块都作为一个目标对象，然后将每个对象所对应的响应区域按照正确的拼块位置进行摆放。那么，当用户把所有的拼块都拖放到相应的响应区域以后，拼图就拼装成功了；当拖动到正确区域之外的区域时，图形拼块则返回到原位置。图 6-85 中区域 11 为图片 1 的正确目标区域，区域 12 为图片 2 的正确目标区域，依此类推，区域 33 为图片 9 的正确目标区域，而九宫格以外的整个屏幕为错误目标区域，所以可以用"目标区"交互来实现拼图。

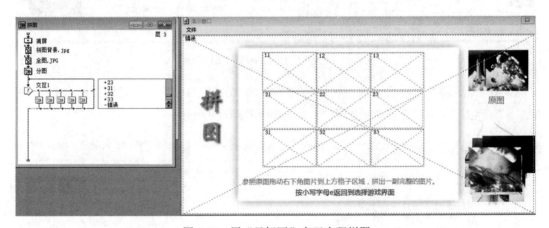

图 6-85　用"目标区"交互实现拼图

在建立好上述分支结构后，单击"响应类型"图标，打开"属性：交互图标"面板，此时看到面板左上方的"目标对象预览框"为空白，且"目标对象"文本框内也无任何文本内容，这表示没有选定此分支路径的目标对象，此时单击演示窗口中显示的图片为目标并设置正确响应区域，调整此响应区域的正确位置和大小。重复上述操作，设置好每一个"拼块"。图片 1 的"目标区"和"正确响应"属性设置如图 6-86 和图 6-87 所示。

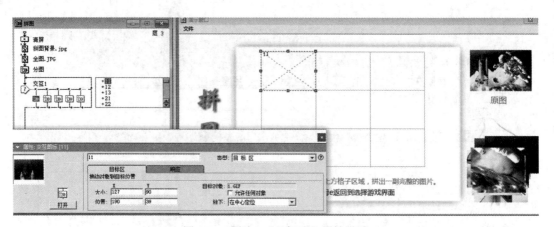

图 6-86　图片 1 "目标区" 属性设置

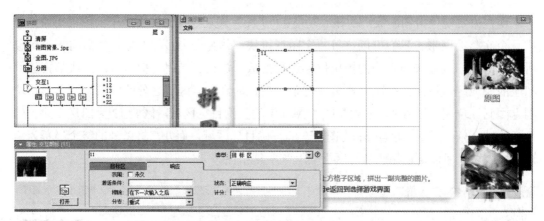

图 6-87　图片 1 "正确响应" 属性设置

对于 "错误响应"，设置响应区域为整个区域，"目标对象" 为 "允许任何对象"，在 "放下" 下拉列表框中选择 "返回"，如图 6-88 和图 6-89 所示。

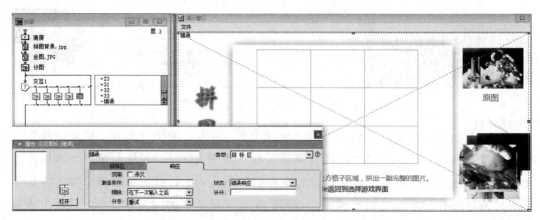

图 6-88　"错误响应" 区域示意图

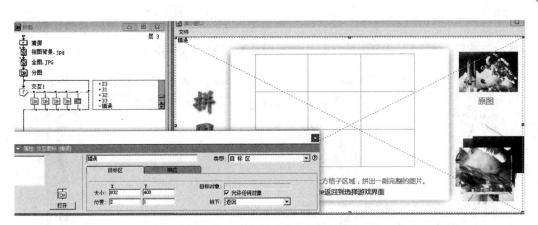

图 6-89 "错误响应"属性设置

最后在所有目标区响应的右侧加入一个名为 AllCorrectMatched 的群组图标作为响应图标,设置响应类型为"条件"响应并进入该群组。在第 4 层流程线上首先拖动声音图标,导入本案例"素材"文件夹下的声音文件"优秀 .wav",拖动计算图标实现完成拼图游戏后返回游戏选择界面的功能,"条件"属性设置如图 6-90 所示。

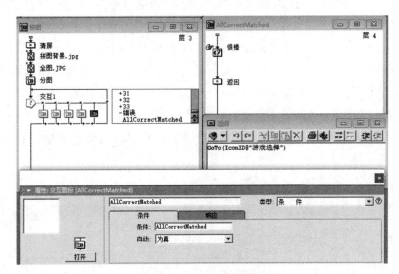

图 6-90 "条件"属性设置

因为拼图完成后要退出此流程,不再执行此交互,所以在条件交互的"响应"选项卡中将"分支"设置为"退出交互",如图 6-91 所示。

图 6-91 条件响应"分支"属性

返回到"游戏选择"界面，进入"几何画板"群组，实现绘制几何图形的功能，从中体会"按钮"交互与"热区域"交互的应用。流程图与效果图如图 6-92 所示。

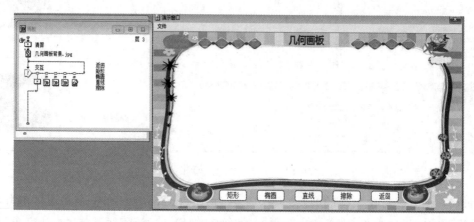

图 6-92　"几何画板"群组流程图和效果图

首先在流程线上拖放一个计算图标，与前面的实例类似，通过 EraseAll() 函数实现擦除前面所有对象的操作。然后在流程线上导入"几何画板背景 .jpg"图片作为几何画板的背景，在此显示图标上右击并选择"计算"命令添加一个"附属计算"图标，在其中输入"Moveable:=0"或者"Moveable@"几何画板背景 .jpg":=0"用于固定背景图像。拖放一个交互图标，并拖放一个计算图标、三个群组图标、一个擦除图标到交互图标的右侧，设置交互类型为"按钮"，并依次命名为"返回""矩形""椭圆""直线"和"擦除"。除了"返回"按钮的"响应"属性设置为"永久""在下一次输入之后"擦除、"退出交互"外，其余按钮的"响应"属性均设置为"不擦除"和"继续"，具体设置如图 6-93 和图 6-94 所示。

图 6-93　"返回"按钮的"响应"属性设置

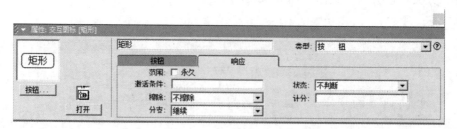

图 6-94　"矩形"按钮的"响应"属性设置

通过"按钮"和"鼠标"更改其按钮样式和鼠标样式，如图 6-95 所示。接着在交互图标右侧的第一个计算图标中输入表达式"GoTo(IconID@" 游戏选择 ")"用于返回到游戏选择界面。打开"矩形"群组图标，在其中添加如图 6-96 所示的流程线，将交互类型设置为"热区域"，使热区覆盖图像中的绘图区域。

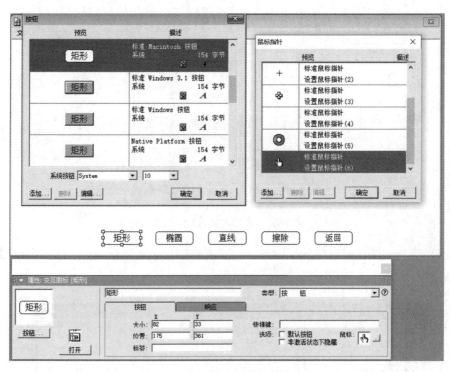

图 6-95　按钮样式与鼠标样式设置

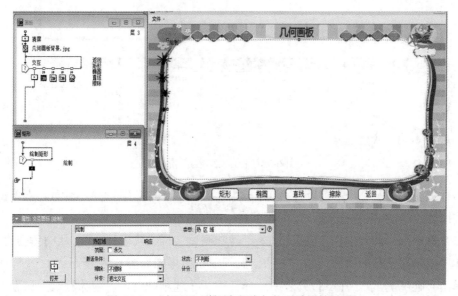

图 6-96　"矩形"群组流程线与热区域属性设置

在计算图标中导入函数 DrawBox(pensize,x1,y1,x2,y2) 用于绘制矩形，由于不设置起止位置，只设置线型粗细为 3 像素，所以修改函数为 DrawBox(3)。用同样的方法在"椭圆"和"直线"群组中进行类似的设置，分别在它们的计算图标中设置函数 DrawCircle(3) 和 DrawLine(3) 绘制椭圆和直线。具体设置如图 6-97 所示。

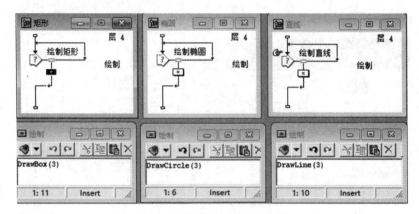

图 6-97　设置绘制图形的函数

单击"交互"图标最右侧的擦除图标，设置擦除对象，如图 6-98 所示，将绘制的图形擦除。

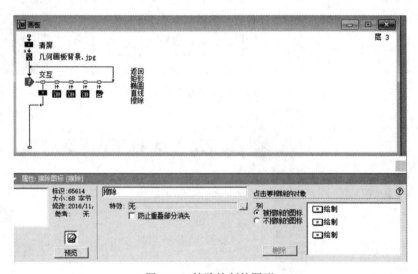

图 6-98　擦除绘制的图形

运行程序，进入"几何画板"，绘制一个抽象的"跷跷板"，如果不满意，则单击"擦除"按钮擦除绘制的所有对象，重新再画。

（5）返回到"游戏选择"界面，进入"趣味测试"群组实现其功能，从中体会"菜单"交互和"按钮"交互的功能与制作方法。流程图与效果图如图 6-99 所示。

单击"趣味测试"，在下拉列表中选择其中一个选项则进入"趣味测试"试题，如图 6-100 所示。

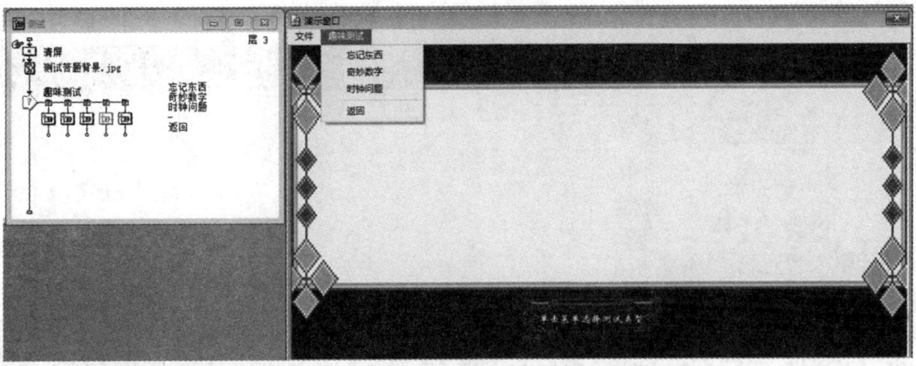

图 6-99　"趣味测试"群组流程图与效果图

图 6-100　"趣味测试"试题效果图

单击"提示"前面的单选按钮则弹出测试题的答案，如图 6-101 所示。

图 6-101　"趣味测试"试题提示效果图

单击"趣味测试"菜单中的"返回"命令则返回到游戏选择界面。

实现这些功能的操作：按照前面的方法实现清屏和游戏背景图片的导入，同样通过显示图标的附属计算图标实现游戏背景图片的固定，如图 6-102 所示。

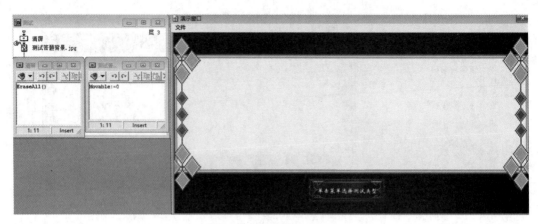

图 6-102　固定背景图片

拖放一个交互图标并拖放 4 个群组图标在其右侧，设置交互类型为"下拉菜单"并依次命名为"忘记东西""奇妙数字""时钟问题"和"返回"。所有的响应图标均设置"范围"为"永久"，"擦除"为"在下一次输入之后"，"分支"为"返回"，如图 6-103 所示。

图 6-103　下拉菜单的"响应"属性设置

分别进入"忘记东西""奇妙数字""时钟问题"和"返回"群组图标，在前 3 个群组中均先通过显示图标来显示测试题，接着用 GIF 动画活跃界面气氛，最后在流程线上拖动交互图标并拖动一个显示图标放置在其右侧，设置交互类型为"按钮"，按照前面的方法将按钮的显示样式更改为图 6-104 所示的样式，并在该显示图标中显示提示的信息，即测试题的答案。

图 6-104　试题测试流程图与按钮样式示意图

为了让菜单里的命令实现功能分区,将"忘记东西""奇妙数字""时钟问题"分为一组,"返回"单独为另一组,中间用分隔线隔开。可以在"时钟问题"交互和"返回"交互之间放置一个空的群组,也可以选择菜单交互,并将其名称设置为"-",则会在菜单上增加一条分隔线,效果图如图 6-105 所示。

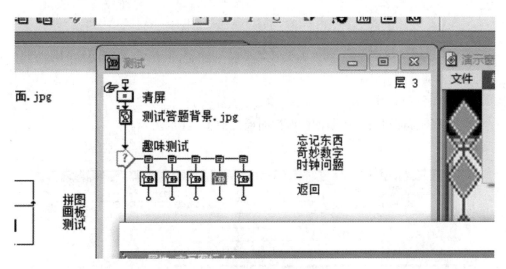

图 6-105　菜单分隔线效果图

在"返回"图标中,首先放置一个擦除图标,然后设置其擦除的对象为"菜单交互",然后通过计算图标实现流程线的跳转,如图 6-106 所示。

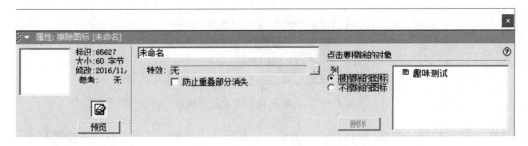

图 6-106　"返回"图标擦除对象设置

现在运行整个程序即可体验各种交互功能的魅力,感受不一样的游戏天地。

6.2.5　决策判断分支

决策判断分支结构主要用于选择分支流程和进行自动循环控制,决策判断一些分支图标是否执行、执行的顺序和执行次数。与交互图标不同的是,决策判断分支图标的执行不是由用户的实时操作控制的,而完全是由决策判断分支图标属性设置所决定的内部机制自行控制的。判断图标以及附属于该图标的分支图标共同构成了决策判断分支结构,如图 6-107 所示。

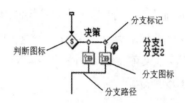

图 6-107　决策判断分支结构

决策判断分支结构有两个部件的属性需要特别注意，一个是判断图标的属性，一个是分支标记的属性。

1. 判断图标的属性

双击判断图标即可打开判断图标属性面板，如图 6-108 所示。

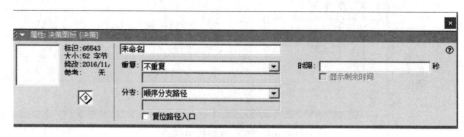

图 6-108　判断图标属性面板

（1）重复。在"重复"下拉列表框中可以选择循环执行的次数，有如图 6-109 所示的几个选项。

图 6-109　判断图标的"重复"属性

● 固定的循环次数：即执行固定的次数，选择此选项后，其下方的文本框将被激活，可输入数值、变量和表达式的值，系统将在决策判断分支结构中循环执行固定的次数。如果设置的次数小于 1，则退出决策判断分支结构，不执行任何分支结构。

● 所有的路径：所有的分支图标都被执行过。在每个分支的图标都至少被执行一次后才退出决策判断分支结构。

● 直到单击鼠标或按任意键：在决策判断分支结构中循环执行，直到用户单击鼠标或按键盘上的任意键为止。

● 直到判断值为真：在执行每一次循环之前都会对输入到下方文本框中的变量或表达式的返回值进行判断，若值为 TRUE，就退出决策判断分支结构；若值为 FALSE，就一直在决策判断分支结构内循环执行。

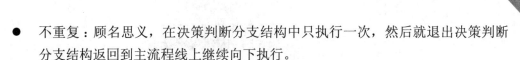

● 不重复：顾名思义，在决策判断分支结构中只执行一次，然后就退出决策判断
分支结构返回到主流程线上继续向下执行。

（2）分支。"分支"与"重复"属性配合使用，用于设置决策判断分支结构中的路径
问题，有如图 6-110 所示的几个选项。

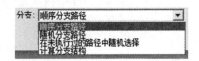

图 6-110 "分支"下拉列表框

● 顺序分支路径：在执行决策判断分支结构时，按顺序先执行第一条分支路径中
的内容，第二次就执行第二条分支路径中的内容，依此类推。

● 随机分支路径：在执行决策判断分支结构时，随机选择一条路径执行，有可能
导致某些分支图标多次被执行，而有些分支图标没有得到执行。

● 在未执行过的路径中随机选择：在执行决策判断分支结构时，随机选择一条路
径执行，再次执行时会在未执行过的路径中随机选择一条分支路径执行，这样
可确保在重复执行某条路径前会将所有的分支路径都执行一遍。

● 计算分支结构：在执行决策判断分支结构时，会根据下方文本框中输入的变量
或表达式的值选择要执行的分支路径。

在最下方还有一个"复位路径入口"复选框，它仅在"顺序分支路径"或"在未执
行的路径中随机选择"的条件下可用，勾选复选框会清除用变量记忆已执行路径的有关
信息。

（3）时限。限制决策判断分支结构的执行时间，这里可以输入代表时间长度的数值、
变量或表达式，单位为秒。规定时间一到，就会退出决策判断分支结构返回到主流程线
上继续向下执行。

2. 分支标记的属性

双击分支标记即可打开"分支"属性面板，如图 6-111 所示。

图 6-111 分支属性面板

"擦除内容"下拉列表框中有如图 6-112 所示的 3 个选项。

● 在下个选择之前：执行完当前分支图标便立刻擦除该分支的显示内容。

● 在退出之前：从当前决策判断分支结构中退出时才进行擦除。

● 不擦除：不擦除所有信息，除非用擦除图标实现擦除。

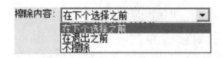

图 6-112　分支结构的"擦除内容"下拉列表框

"执行分支结构前暂停"复选框：勾选时，程序在离开当前分支路径前演示窗口会显示一个"继续"按钮，单击该按钮程序才会继续执行。

课堂案例 5　简单片头制作

本案例包括两个部分：第一部分倒数 3 秒；第二部分循环展示校名，校名文字从右侧入，从左侧出，再从右侧入，循环两次。具体效果图如图 6-113 和图 6-114 所示，本案例流程图如图 6-115 所示。

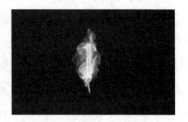

图 6-113　倒数效果图

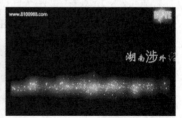

图 6-114　校名循环移动效果图

图 6-115　流程图

（1）新建一个文件，保存为"案例 5- 简单片头制作 .a7p"。单击"修改"→"文件"→"属性"命令，在打开的"属性：文件"面板中将背景颜色设置为黑色，大小设为 640×400，显示标题栏，屏幕居中，如图 6-116 所示。

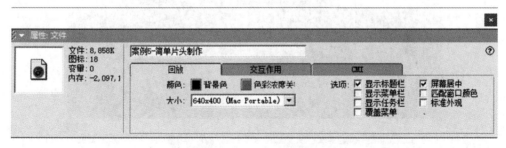

图 6-116　文件属性设置

（2）将判断图标拖动到流程线上并在其右侧放置 3 个群组图标，依次命名为 3、2、1。将 3 个分支的"属性：判断路径"面板中的"擦除内容"属性均设置为"在下个选择之前"，如图 6-117 所示。

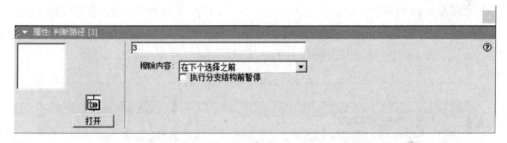

图 6-117　判断路径的"擦除内容"属性设置

（3）将"属性：决策图标"面板中的"重复"设置为"固定的循环次数"，在其下方的文本框中输入 3，"分支"设置为"顺序分支路径"，"时限"设置为 3 秒，即可实现从左至右将 3 个分支各执行一遍，如图 6-118 所示。

图 6-118　决策图标属性设置

（4）分别进入 3、2、1 群组，在群组内放置显示图标，显示文字图片 3、2、1，并在显示图标的下面放置等待图标，等待 1 秒，如图 6-119 所示。

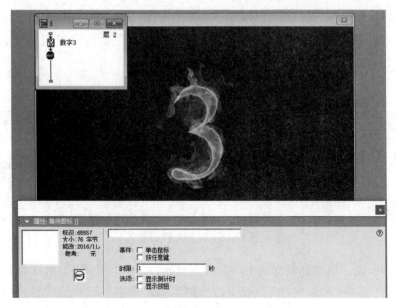

图 6-119　等待图标属性设置

（5）在流程线上导入 love.jpg，用音乐图标导入"音乐 .wav"。通过电影图标实现"星空动画 .flc"影片的导入，因为后面帧数的效果不是很好，所以设置"开始帧"为 1，"结束帧"为 90，只播放部分影片，如图 6-120 所示。

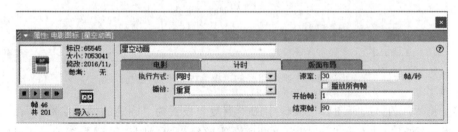

图 6-120　电影图标属性设置

（6）通过"标题"显示图标用不同的颜色、不同的大小、不同的字体书写"湖南涉外经济学院"文字。

（7）在流程线上拖放判断图标并拖动两个移动图标置于其右侧，两个移动图标的"擦除内容"均设置为"在下个选择之前"，如图 6-121 所示。

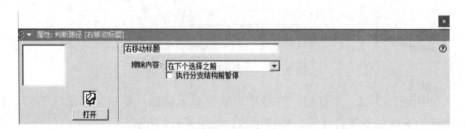

图 6-121　右移动标题"擦除内容"设置

（8）"左移动标题"移动对象为"标题"，即校名，类型为"指向固定点"，拖动对象到目标点，即屏幕的最左侧，定时 1.5 秒，执行方式为"等待直到完成"，如图 6-122 所示。

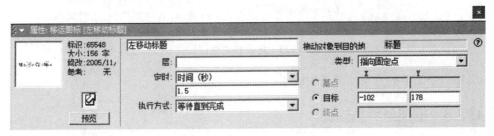

图 6-122　左移动图标属性设置

（9）"右移动标题"移动对象为"标题"，类型为"指向固定点"，拖动对象到目标点，即屏幕的最右侧，定时 1.5 秒，执行方式为"等待直到完成"，如图 6-123 所示。

图 6-123　右移动图标属性设置

（10）通过判断图标实现"移动标题"的循环执行，来回执行两次，所以在"属性：决策图标"面板的"重复"下拉列表框中选择"固定的循环次数"，在其下方的文本框中输入 4，在"分支"下拉列表框中选择"顺序分支路径"，如图 6-124 所示。

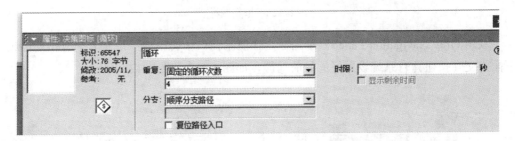

图 6-124　标题循环次数设置

（11）在流程线上拖放一个移动图标，实现校名"标题"最后在屏幕上的位置。移动图标的移动对象仍然是"标题"，移动类型也为"指向固定点"，拖动"标题"对象到演示窗口最后停留的最佳位置，即目的地。定时 1 秒，执行方式为"等待直到完成"，如图 6-125 所示。

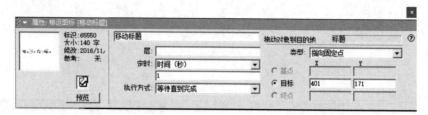

图 6-125　标题移动属性设置

这样一个简单的片头动画就完成了。

6.2.6　框架与导航设计

1. 框架

框架窗口是一个特殊的设计窗口，当拖动框架图标到流程线上后，表面看什么都没有，但双击流程线上的框架图标时就会发现其特殊性了，它主要是交互图标和导航图标的组合，通过窗格分隔线将包含的内容分为两个部分：上方的叫入口窗格，下方的叫出口窗格。框架图标如图 6-126 所示。

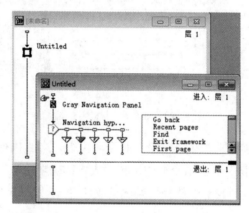

图 6-126　框架图标

双击 Gray Navigation Panel 显示图标，在演示窗口中会出现一块有 8 个方格的面板，下面为交互按钮并有系统设置好的导航功能，如图 6-127 和图 6-128 所示。

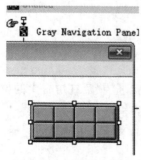

图 6-127　框架默认面板

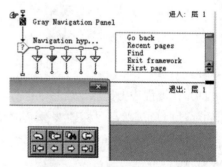

图 6-128　框架默认导航面板

在框架窗口中，默认情况下系统在框架窗口的入口窗格中准备了一幅作为导航按钮板的图像和一个交互作用分支结构，交互作用分支结构中包括 8 个被设置为永久性响应的按钮，这 8 个按钮的样式与功能如表 6-3 所示。

表 6-3 框架导航按钮的样式与功能

按钮样式	按钮名称	按钮功能
⟲	Go back "返回" 按钮	沿历史记录从后向前翻阅用户使用过的页面，一次只能向前翻阅一页
⟸	Recent pages "历史记录" 按钮	显示历史记录列表
🔍	Find "查找" 按钮	打开 "查找" 对话框
⟳	Exit framework "退出框架" 按钮	退出框架
⟸|	First page "第一页" 按钮	跳转到第一页
⟵	Previous page "向前" 按钮	跳转到前一页
⟶	Next page "向后" 按钮	跳转到后一页
⟶|	Last page "最后一页" 按钮	跳转到最后一页

框架中的内容通常被组织成页，页被附加到框架图标的右侧，直接附属于一个框架图标的任何图标被称为页图标，页图标不一定只是一个显示图标，也可以是数字电影、声音或具有复杂逻辑结构的群组图标。框架结构中页图标的页码按从左到右的顺序固定为 1，2，3，…，如图 6-129 所示。默认的导航按钮就是控制用户放置的页之间的浏览顺序的。

2. 超文本

如果在使用框架的过程中不想使用系统自带的导航按钮在页之间进行跳转，可以通过超文本更改。利用超文本对象建立导航链接分 3 步进行，首先设计一个没有交互作用的环境，如图 6-130 所示，将框架自带的内部结构删除，用超文本来实现页 1、2、3 之间的导航。

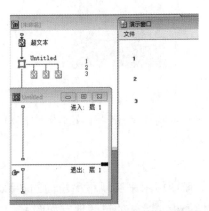

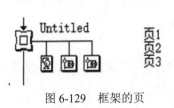

图 6-129 框架的页   图 6-130 无交互作用的环境框架

其次通过"文本"→"定义样式"命令建立一个文本样式并建立该样式与具体页之间的链接，如图 6-131 所示。

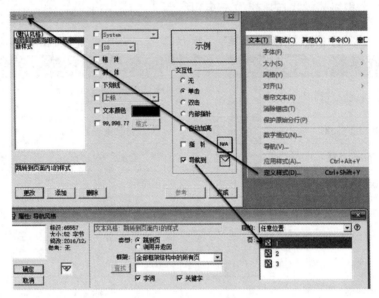

图 6-131　定义文本样式

最后通过"文本"→"应用样式"命令将该样式应用到指定的文本对象上，如图 6-132 所示。

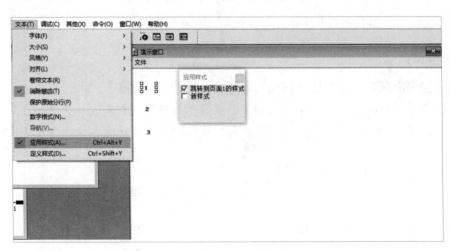

图 6-132　应用文本样式

这样可实现单击"超文本"中的对象，程序即会自动跳转到对应的框架页中显示相应的内容。

3. 导航图标

导航图标用来实现程序流向的转移。在流程线上拖动一个导航图标，双击图标打开其属性面板，跳转的目的地有如图 6-133 所示的 5 种选择。

图 6-133　导航图标的"目的地"

- 最近：表示用户可以跳转到已经浏览过的页面中，跳转方式由其下方的单选按钮决定，如图 6-134 所示。选择"返回"方式，则沿历史记录从后往前翻阅已使用过的页，一次向前翻阅一页；选择"最近页列表"方式，则显示历史记录列表，从中选择一页进行跳转。

图 6-134　目的地为"最近"示意图

- 附近：可以实现在框架内部的页面之间跳转以及跳出框架结构，如图 6-135 所示。

图 6-135　目的地为"附近"示意图

- 任意位置：表示可以向程序中的任何页跳转，可在"页"中选择想要跳转的页面，如图 6-136 所示。

图 6-136　目的地为"任意位置"示意图

- 计算：可以根据用户在对话框中给出的表达式的值决定跳转的页面，比如用户定义跳转到第三页，如图 6-137 所示。"跳到页"与"调用并返回"的区别在于前者跳转到页面后继续向下执行，而后者跳转到目的地执行操作后返回到跳转前的页面继续执行。

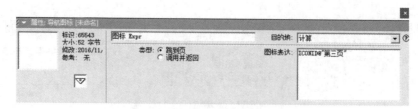

图 6-137　目的地为"计算"示意图

● 查找：可以通过查找来进行跳转，具体设置项如图 6-138 所示。

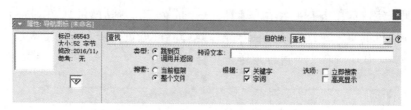

图 6-138　目的地为"查找"示意图

课堂案例 6　相册

本案例主要运用框架图标及框架自带的导航面板来实现"相册"中"亲情"版块照片的浏览，运用超文本和框架图标（不含自带导航面板）来实现"友情"版块照片的浏览，运用框架图标（不含自带导航面板）和导航图标来实现"爱情"版块照片的浏览。在每个版块中，如果用户不想浏览都可随时退出欣赏。本案例的结构如图 6-139 所示，界面示意图如图 6-140 所示。

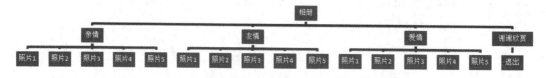

图 6-139　"相册"结构图

图 6-140　界面示意图

整个作品窗口的大小可以通过主界面背景图分辨率得知，在流程线的始端，通过在计算图标内使用函数 ResizeWindow(600,340) 设置窗口大小属性；通过"导入"按钮实现相册封面图片的导入；在各版块中，各版块间的交互通过"热区域"响应实现，如图 6-141 所示。

图 6-141　"热区域"交互示意图

（1）"亲情"版块。

此版块运用框架图标及框架自带的导航面板来实现"相册"的"亲情"版块照片的浏览。首先通过擦除函数清除主界面的所有对象，然后在流程线上放置框架图标，保留其自带的导航面板和导航功能结构，并在其流程线上加入"亲情背景"图片和"父爱如山 .png"图片，再拖动群组图标到框架的右侧，依次命名为 1、2、3、4、5。进入这 5 个群组图标，按顺序分别导入照片"亲情 1.jpg"至"亲情 5.jpg"，这样就通过框架自带的导航实现了"上一页""下一页""最前页""最后页""查找页""返回上一页"列表选择页、退出页的跳转，退出框架将直接执行"回主页面"，直接跳转到流程的开始页面。具体流程图如图 6-142 所示。

图 6-142　"亲情"群组流程图

（2）"友情"版块。

此版块运用超文本和框架图标（不含自带导航）来实现照片的浏览。首先同样利用计算图标和显示图标清除以前的对象和导入背景图片，接着拖放显示图标到流程线上并命名为"超链接文本"，按照图 6-143 所示演示窗口中的位置输入相应的文字。

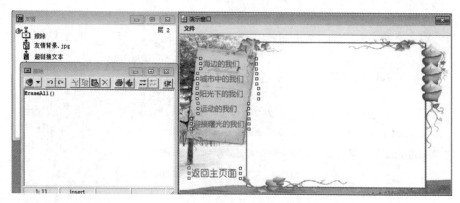

图 6-143   "友情"版块文字位置示意图

接着拖动框架图标到流程线上并删除其内部导航结构。拖动 6 个群组图标置于框架的右侧，依次命名为"海边""城市""阳光""运动""曙光"和"回主页面"。分别进入前 5 个群组，依次在群组里导入图片"友情 1.jpg"至"友情 5.jpg"，在最后的"回主页面"群组里拖放一个计算图标，通过 GoTo 函数实现跳转到开始页。具体流程图如图 6-144所示。

选择"文本"→"定义样式"命令，在弹出的"定义风格"对话框中添加"海边的我们""城市中的我们""阳光下的我们""运动的我们""迎接曙光的我们"和"返回"样式，"交互性"均设置为"单击"，分别链接到框架中的"海边""城市""阳光""运动""曙光"和"回主页面"页面，如图 6-145 所示。

图 6-144   "友情"群组流程图

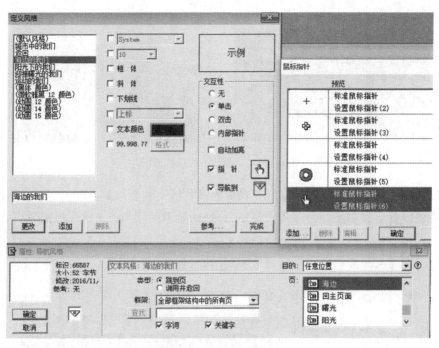

图 6-145　定义文本样式

　　回到"超链接文本"图标中,选中"海边的我们"文字,选择"文本"→"应用样式"命令，如图 6-146 所示，选择并应用设置好的"海边的我们"样式。其余文字的设置方法与此相同，此处不再赘述。

图 6-146　应用样式

　　这样就实现了单击文字跳转到框架中页面的效果。

　　（3）"爱情"版块。

　　此版块运用框架图标（不含自带导航）和导航图标来实现照片的浏览，并实现了点击小图浏览大图、点击大图还原到小图界面的效果，如图 6-147 所示。

图 6-147　"爱情"版块效果图

首先通过计算图标清屏，拖动框架图标到流程线上并删除其内部的导航结构和面板。拖动群组图标置于其右侧并命名为"菜单"。拖动显示图标到"菜单"群组里面并命名为"小图"，选择"插入"→"图像"命令将"爱情 1.jpg"至"爱情 5.jpg"插入到该显示图标中，并通过缩放和移动操作将它们放置到图 6-148 所示的位置。

图 6-148　图片位置示意图

接着在"菜单"群组的右侧继续拖放群组图标，依次命名为"爱 1 大"至"爱 5 大"。进入这 5 个群组，依次放入对应的"爱情 1.jpg"至"爱情 5.jpg"图片，缩放并移动让其布满整个屏幕，如图 6-149 所示。

图 6-149　大图流程图与效果图

　　回到"菜单"群组内部，在"小图"显示图标下面拖放一个交互图标，双击交互图标，在弹出的演示窗口中输入"返回"和提示文字"点击小图看大图"。接着拖放一个计算图标到交互图标的右侧，选择"热区域"交互类型，区域为"返回"文字所在区域，通过GoTo函数实现返回功能。继续拖放5个导航图标到计算图标右侧，继续选择"热区域"交互类型，并分别按顺序设置导航到框架中的"爱1大"至"爱5大"这5个页面，实现点击小图热区域位置导航到框架中大图的功能。具体设置如图6-150所示。

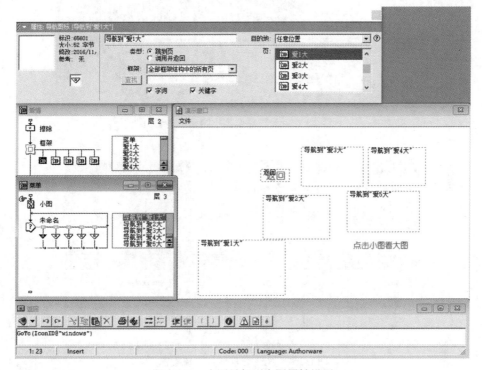

图6-150　小图导航到大图属性设置

　　回到"爱情"的框架层，进入"爱1大"群组，在"爱情1大"显示图标下方拖放一个交互图标，双击交互图标，在演示窗口中输入提示文字"单击鼠标返回"。再拖放导航图标在交互图标的右侧，选择交互类型为"热区域"并设置整个窗口为热区，同时设置导航到框架的"菜单"群组，即小图页面，实现单击大图返回到小图的功能。具体设置如图6-151所示。

　　"爱2大"至"爱5大"采用相同的方法实现此功能，在此不再赘述，流程图如图6-152所示。

　　（4）"谢谢欣赏"版块。

　　此版块通过显示图标、等待图标和计算图标实现用户单击"谢谢观赏"文字区域首先出现"谢谢欣赏"图片，然后等待2秒，系统自动退出。流程图与效果图如图6-153所示。

　　运行程序，在主界面上选择想要看的相片类型就可以欣赏相应的相片了。

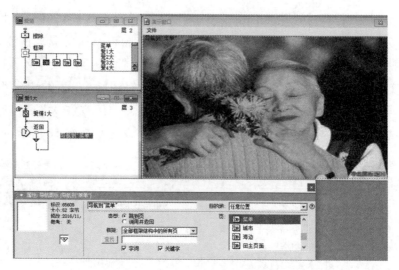

图 6-151 大图导航到小图属性设置

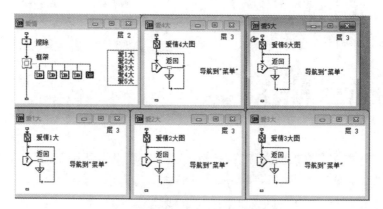

图 6-152 大图导航到小图流程图

图 6-153 "谢谢欣赏"群组流程图与效果图

6.3 变量、函数与表达式

Authorware 7 提供了可视化的编程平台，用户主要是利用系统提供的设计图标来完成程序的设计，但如果只是使用这些图标来创建作品，则不能充分地实现作品的灵活性。想要成为一个完美的开发者，就需要在编写程序代码上下一番功夫，而变量、函数、表达式、语句都是编写程序代码的基础。

1. 变量

变量是其值可以改变的量，可以利用变量存储不同的数据。Authorware 7 中的变量都属于全局变量，在程序中的任何地方都可以使用任意一个变量，系统会根据用户所使用变量的方式自动判断变量的类型。Authorware 7 中的变量分为数值型变量、字符型变量、逻辑型变量、符号型变量、列表型变量、坐标变量和矩形变量 7 种。

- 数值型变量：用于存储具体的数值，可以是整数，也可以是实数或负数，其存储的数值范围是 $-1.7 \times 10^{308} \sim 1.7 \times 10^{308}$。
- 字符型变量：用来存储字符串，是由英文输入法下的双引号引起来的一个或多个字符的组合。这些字符可以是字母、数字、符号或者它们的组合，如果字符本身要在字符串中作为普通字符出现，则在其前面加一个字符"\"。
- 逻辑型变量：用于存储 TRUE 和 FALSE 两种值，数值型变量转换成逻辑型变量时，数值 0 相当于 FALSE，其他任意非 0 数值相当于 TRUE；如果是字符型变量，T、YES、ON（不区分大小写）被视为 TRUE，其他任意字符都被视为 FALSE。
- 符号型变量：由符号"#"带上一连串的字符构成，主要作为对象的属性使用。
- 列表型变量：用于存储一组常量或变量。
- 坐标变量：是一种特殊的列表型变量，用于描述一个点在演示窗口中的坐标，形式为 (x,y)，其中 x、y 分别代表一个点距离演示窗口左边界和上边界的像素值。
- 矩形变量：也是一种特殊的列表型变量，用于定义一个矩形区域，形式为 [x1,y1,x2,y2]，其中 x1、y1 指定矩形的左上角坐标，x2、y2 指定矩形的右下角坐标。

变量从使用者的角度看又分为系统变量和自定义变量。系统变量是系统本身预先定义好的一套变量，用户可以根据每个变量的含义直接使用它们。自定义变量是用户根据程序设计与执行的需要自己添加定义的变量，用于保存系统变量不能记录的信息。自定义的变量名只能以字母或下划线"_"开头，长度限制在 40 个字符内，且不能出现与系统变量、已有自定义变量或函数同名的情况，要保证变量名的唯一性。

变量可以在以下场合使用：

- "属性"对话框的文本框中。
- 计算图标中。
- 附属于图标的计算图标中。
- 显示图标或交互图标中。

用户可以通过单击工具栏上的"变量"按钮来查看当前使用的变量情况。

2. 函数

函数是用来执行某些特殊操作的程序语句的集合。函数一般具有参数，参数可以是一个，也可以是多个，其功能是引入函数执行过程中必须使用的某些信息。

在 Authorware 7 中，函数分为系统函数和自定义函数。函数的参数也分为两类，必选参数和可选参数，比如绘制矩形的函数 DrawBox(pensize[x1,y1,x2,y2]) 中，pensize 为必选参数，x1，y1，x2，y2 则为可选参数，使用时可以不用设置。函数的使用场合基本和变量的使用场合相同,用户也可以通过单击工具栏上的"函数"按钮来查看和选择函数。

3. 表达式

表达式就是由常量、变量和函数通过运算符和特定的规则组合而成的语句，用于执行某个运算过程或者某种特殊的操作，它可以用于一些图标的"属性"对话框、计算图标及附属计算图标和文本对象中。

在表达式的使用中要注意使用合法的运算符及运算符的优先级。Authorware 7 中的运算符有以下几类：

- 算术运算符：+（加法或正号）、-（减法或负号）、*（乘法）、/（除法）、**（求幂），结果为数值。
- 逻辑运算符：~（逻辑非）、&（逻辑与）、|（逻辑或），结果为 TRUE 或 FALSE。
- 连接运算符：^（将此运算符的左右两边的字符串连接成一个字符串），结果为字符串。
- 关系运算符：=（等于）、<>（不等于）、<（小于）、>（大于）、<=（小于等于）、>=（大于等于），结果为 TRUE 或 FALSE。
- 赋值运算符：:=（将运算符右边的值赋给左边的变量）。

当一个表达式中含有多个运算符时，不一定按照从左到右的顺序进行运算，而是有运算的优先级。Authorware 7 运算符的优先级如表 6-4 所示，1 表示最高优先级，9 表示最低优先级，同一优先级按照从左到右的顺序执行。

表 6-4 运算符的优先级

优先级	运算符	说明
1	()	括号
2	~、+、-	逻辑非、正号、负号
3	**	幂
4	*、/	乘、除
5	+、-	加、减
6	^	字符串连接符
7	=、<>、<、>、<=、>=	比较运算符
8	&、|	逻辑与、逻辑或
9	:=	赋值运算符

4. 语句

在计算图标中，可以使用各种控制语句，主要是条件语句和循环语句。

（1）条件语句。

格式 1：

if < 条件表达式 > then

　　< 语句体 1>

[else

　　< 语句体 2>]

end if

功能：当条件表达式成立时，执行语句体 1；当条件表达式不成立时，执行语句体 2；执行完毕后，执行 end if 之后的语句。

格式 2：

if < 条件表达式 1> then

　　< 语句体 1>

else if < 条件表达式 2> then

　　< 语句体 2>

else

　　< 语句体 3>

end if

功能：当条件表达式 1 成立时，执行语句体 1；如果条件表达式 2 成立，程序将执行语句体 2；否则程序执行语句体 3；执行完这个条件结构后，程序自动由 end if 来结束整个条件判断。

（2）循环语句。

格式 1：一般型循环语句。

repeat with < 循环变量 >:=< 初始值 >to | down to< 终止值 >

　　< 循环体语句 >

end repeat

功能：表示在循环变量处于初始值和终止值之间时，执行循环体语句。终止值既可以比初始值大，也可以比它小，如果小的话，需要加上 down 表示循环变量从大到小变化。

格式 2：条件型循环语句。

repeat while< 条件表达式 >

　　< 循环体语句 >

end repeat

功能：当条件表达式成立时，执行循环体语句，然后返回条件表达式继续判断是否成立，从而决定是否继续执行循环体语句，否则退出循环，执行 end repeat 的下一条语句。

格式 3：根据列表的循环语句。

repeat with X in list

　＜循环体语句＞

end repeat

功能：语句中 X 为循环变量，list 是一个列表，循环的次数取决于列表中数据的个数，每循环一次，就把列表中的一个数据赋给循环变量 X，从左到右依次进行，然后执行循环体语句，当列表中的数据均赋值后退出循环，执行 end repeat 的下一条语句。在循环体中，还可以通过 exit repeat 语句退出循环，直接执行 end repeat 的下一条语句，也可以通过 next repeat 语句提前结束本轮循环，直接略过从它到 end repeat 之间的语句，进入下一轮循环。

课堂案例 7　累加器设计

本案例主要通过循环语句实现数字 1 ～ n 的累加和，并且在刷新屏幕后用变量显示今天的日期。效果图如图 6-154 所示。

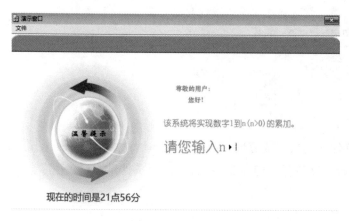

图 6-154　效果图

当用户输入 3 后，显示如图 6-155 所示的结果。等待几秒后又回到系统开始页面，供用户再次输入数据查看结果。流程图如图 6-156 所示。

图 6-155　显示结果

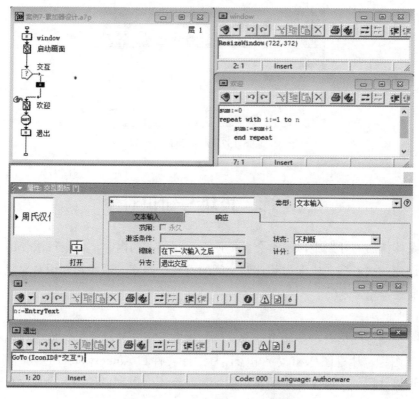

图 6-156   "累加器设计"流程图

（1）通过"修改"→"文件"→"属性"命令打开"属性：文件"面板，取消"标题栏"和"菜单栏"的显示。

（2）在空白流程线上拖动一个计算图标并命名为 window，打开这个计算图标，输入 ResizeWindow(722,372)。

（3）拖动一个显示图标并命名为"启动画面"，单击"插入"→"图像"命令导入"启动画面 .jpg"，然后在此显示图标中用文字编辑工具输入"现在的时间是 {Hour} 点 {Minute} 分"，并设置该显示图标"属性"面板中"更新显示变量"复选框为选中状态。

（4）拖放一个交互图标并命名为"交互"，再拖放一个计算图标置于其右侧，选择交互类型为"文本输入"，并将其命名为"*"。打开计算图标，输入 n:=EntryText。

（5）拖放一个显示图标并命名为"欢迎"，打开这个显示图标，单击"插入"→"图像"命令导入"欢迎界面 .jpg"，然后在此显示图标中用文字编辑工具输入"欢迎使用！今天是 {Month} 月 {Day} 日，{DayName}。"并设置"更新显示变量"复选框为选中状态。

（6）选择"欢迎"图标并右击，在弹出的快捷菜单中选择"计算"命令，在打开的计算图标编辑窗口中输入图 6-157 所示的语句。

（7）再次打开"欢迎"图标，用文字编辑工具输入"其结果为：{sum}"。

（8）拖放一个等待图标实现暂停，拖放一个计算图标，在其中输入跳转到"交互"的语句，让用户实现下一次输入。至此，完成了"累加器"的制作。

图 6-157　功能语句

6.4　库、模块与知识对象

在多媒体作品的开发中，经常会重复使用一些相同的内容，如果每次使用这些内容时都重复创建一次，会造成人力和存储空间的浪费，而库、模块和知识对象就很好地解决了这个问题。

1. 库

库是各种图标的集合，是一个外部文件，独立于用户作品之外。库中可以存放显示图标、交互图标、计算图标和数字电影图标。库文件和 Authorware 7 应用程序相分离，多个程序可以共用一个库文件中的设计图标，一个程序也可以使用多个库文件中的设计图标，这样大大节省了存储空间，提高了程序运行时的速度。

执行"文件"→"新建"→"库"命令就能建立一个新的库文件。库窗口如图 6-158 所示。

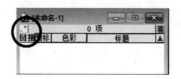

图 6-158　库窗口

因为库中没有图标，所以此窗口左上角的"读写"按钮、"链接"按钮都是灰色的，处于不可执行状态。如果要在库窗口中添加图标，可以将应用程序设计窗口流程线上的图标直接拖动到库中，应用程序设计窗口流程线上的图标的标题将会变成斜体，该图标是库窗口中图标的一个映像副本，也就是库窗口中的一个链接图标，而该图标的原型则被移动到了库窗口中，如图 6-159 所示。

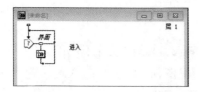 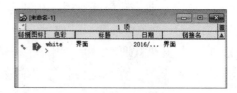

图 6-159　放入库中后图标的变化

2. 模块

模块是指流程线的一段逻辑结构，该结构可以包含各种设计图标和分支结构。与使用库不同，在使用模块时，Authorware 7 是将该模块的复制品插入到流程线上而不是一种链接关系，并且模块是功能的集合，而库只是设计图标的集合。模块可以是一个图标，也可以是由多个图标组成的程序段，凡是具有重复使用价值的内容都可以将其建立成为模块。

下面介绍创建和使用模块的方法，首先进入 Authorware 7，打开创建好的程序，在设计窗口中选中所需的内容，然后执行"文件"→"存为模板"命令，在弹出的"保存在模板"对话框中命名并保存，就会生成一个扩展名为 .a7d 的模型文件。本书将模型文件保存在 Authorware 7 的 Knowledge Objects 文件夹的子文件夹中，如图 6-160 所示。此时如果执行"窗口"→"面板"→"知识对象"命令就会发现保存的模块会在"知识对象"窗口中出现。双击该文件或者把它拖放到设计窗口中即可看到该模块的所有内容。

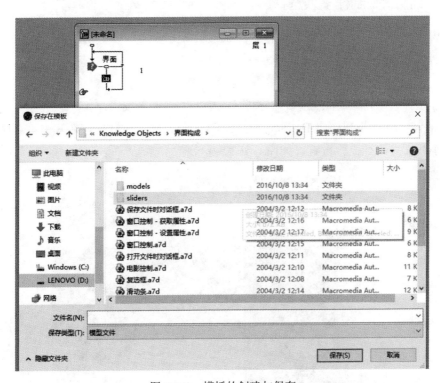

图 6-160 模板的创建与保存

3. 知识对象

知识对象是对模块的扩展，是一种带有向导的模板。它同模板一样是一段独立的程序，可以插入到程序中任意需要的地方。与模板不同的是，使用知识对象需要通过向导程序的引导，由用户提供各种相应的信息完成设置过程。

知识对象大多数只提供一些局部功能，但对于其中的"测验"和"应用程序"，用户按照向导就能创建一个完整的测验和教学课件。"测验"向导如图 6-161 所示。

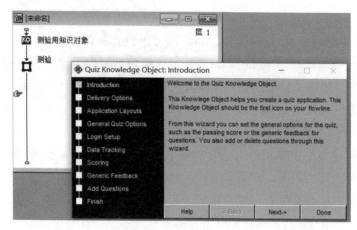

图 6-161 "测验"向导

课堂案例 8 制作多项选择题

知识对象中的"测验"是制作各种测试项目最方便的一种方法，下面以制作一个多项选择题为例来说明制作过程。

（1）在工具栏上单击"新建"按钮，启动"新建"知识对象对话框。

（2）选择"新建"对话框中的"测验"，单击"确定"按钮。

（3）单击 Next 按钮弹出 Delivery Options（发行选项）对话框，在其中可对测试题的屏幕大小和文件路径进行设置，如图 6-162 所示。

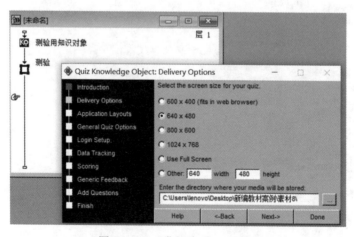

图 6-162 "发行选项"对话框

（4）单击 Next 按钮，弹出 Application Layouts（应用版面）对话框。这里有 5 种现成的版式供选择，分别是共享型（corporate）、消费型（consumer）、教育型（educational）、简易型（simple）、技术型（techno-1）。用户可以选择自己喜欢的外观样式，在左边的方框中可以预览选择的样式，在本案例中我们选择 corporate，如图 6-163 所示。

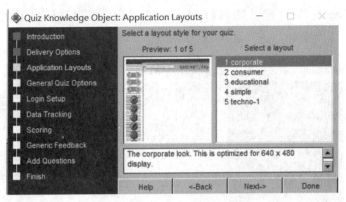

图 6-163 "应用版面"对话框

（5）单击 Next 按钮，弹出 General Quiz Options（一般测试选项）对话框，将 Default number of tries（默认选择次数）设置为 1，即每道题允许有 1 次回答机会，Randomize question order 是指"随机提问"，Display score at end 表示最终显示得分情况，Distractor tag 提供了可选择的项目编号样式，如图 6-164 所示。

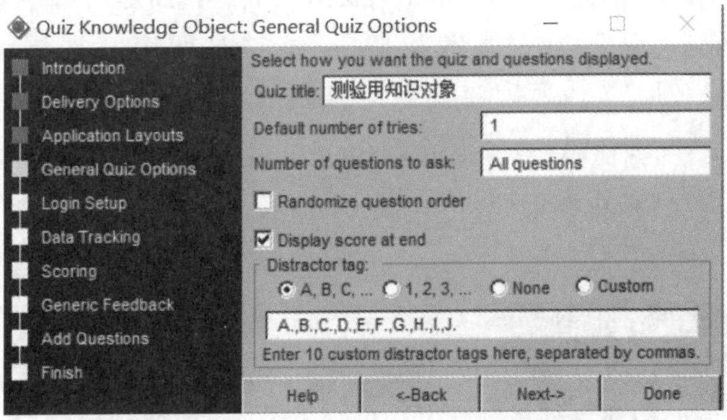

图 6-164 "一般测试选项"对话框

（6）单击 Next 按钮，弹出 Login Setup（登录设置）对话框，此处不勾选 Show login screen at start（开始时显示登录）复选框，如图 6-165 所示。

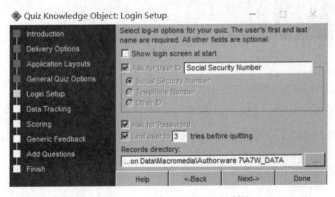

图 6-165 "登录设置"对话框

（7）单击 Next 按钮，弹出 Data Tracking（信息跟踪）对话框，此处采用默认值，如图 6-166 所示，即不跟踪，直接进入下一向导。

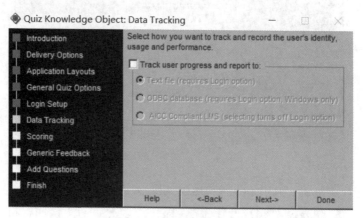

图 6-166 "信息跟踪"对话框

（8）单击 Next 按钮，弹出 Scoring（得分）对话框。该对话框中有几个选项，首先是两个单选按钮：Judge user response immediately（立即判断用户回答的正误）和 Display Check Answer button（显示检查答案按钮）；接着是两个复选框：User must answer question to continue（用户必须回答问题才能继续）和 Show feedback after question is judged（评判后显示反馈信息）；最后是 Passing score(0-100)%（通过或及格分数），可以设置及格分数。设置内容如图 6-167 所示。

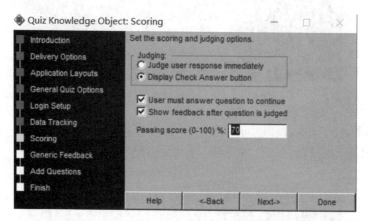

图 6-167 "得分"对话框

（9）单击 Next 按钮，弹出 Generic Feedback（一般反馈）对话框，默认有 3 种方式：Correct、Excellent 和 That's right，如图 6-168 所示，此处选择第一种。

（10）单击 Next 按钮，弹出 Add Questions（添加问题）对话框。在该对话框右侧有 7 种类型的题型可供选择，如图 6-169 所示。此处选择"多项选择题"，依次输入多项选择题的问题名称，如图 6-170 所示。

（11）单击 Next 按钮，弹出 Finish（完成）对话框，如图 6-171 所示。

图 6-168   "一般反馈"对话框

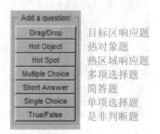

图 6-169   选择问题题型

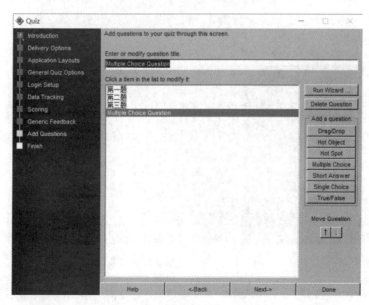

图 6-170   "添加问题"对话框

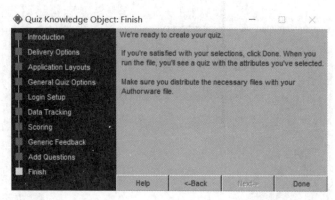

图 6-171 "完成"对话框

（12）单击 Done 按钮，确定上面的设置并退出向导，回到流程线上。双击"第一题"，弹出第一题的"介绍"对话框，如图 6-172 所示。

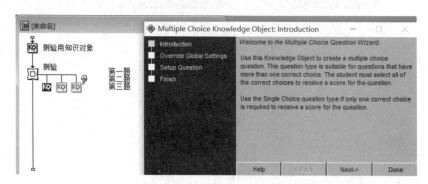

图 6-172 第一题"介绍"对话框

（13）单击 Next 按钮，参照前面的介绍继续单击 Next 按钮，出现如图 6-173 所示的界面，在此界面中将回答问题机会设置为 1，将答案的标识设置为 A，B，C，...。

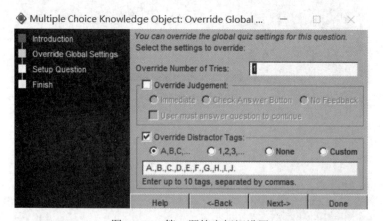

图 6-173 第一题答案标识设置

（14）单击 Next 按钮，进入试题设置界面，在上方大方框中修改相应的试题和提示语句，如图 6-174 所示。

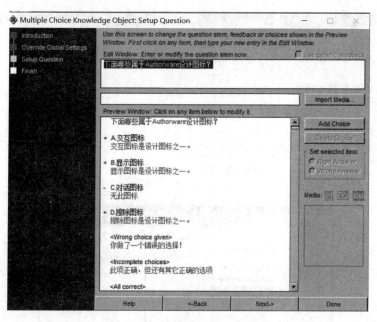

图 6-174 "设置问题"对话框

（15）单击 Done 按钮，完成第一题题目的设计，如图 6-175 所示。

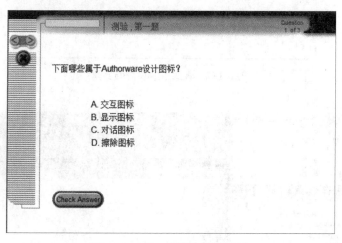

图 6-175 第一题的问题效果图

（16）按照试题和给出的正确答案、错误答案及提示调试答题过程中出现的各种情况设置，如图 6-176 所示。

（17）双击"第二题"和"第三题"，按照同样的方法设置试题以及试题的答案、选择相应答案后弹出的提示信息等。当用户答完所有题目后，会弹出一个对话框来显示答题的分数，如图 6-177 所示。

这样，多项选择题的制作就完成了。本例采用的是系统默认的界面，如果需要更改或者自由设计更美观、更个性化的试题界面，可以选择框架图标"测试"，双击显示图标 quiz background 进行背景图片的更改，如图 6-178 所示。

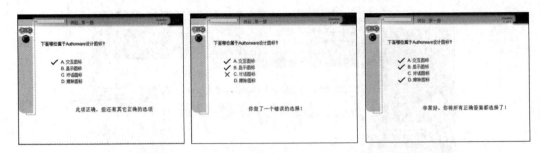

图 6-176　第一题的答题效果图

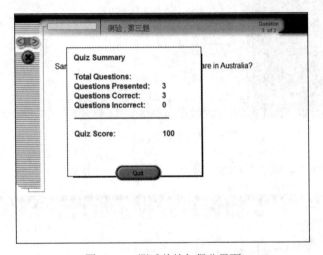

图 6-177　测试总结与得分界面

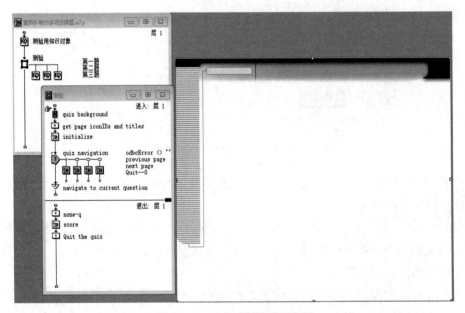

图 6-178　更改试题界面示意图

还可以选择 quiz navigation 交互图标对响应的按钮进行更改，如图 6-179 所示。

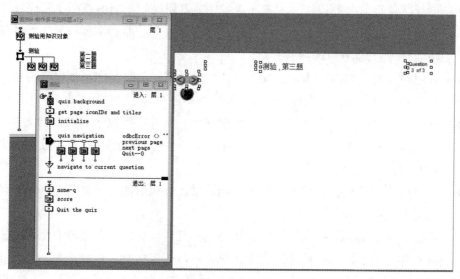

图 6-179　响应按钮更改示意图

6.5　打包与发行

　　Authorware 7 开发的作品需要制作成可执行文件进行发行，让其设计的作品可以变成独立运行的多媒体文件，继而进行光盘发行和网络发行。

　　文件打包与发行的操作步骤如下：

　　（1）选择"文件"→"发布"→"打包"命令，打开"打包文件"对话框，如图6-180 所示。"打包文件"下拉列表框中有以下两个选项（如图 6-181 所示）：

- 无需 Runtime：表示打包后的文件不是可执行的 EXE 文件，而是 A7P 文件，需要通过 Run7w32.exe 调用执行。
- 应用平台 Windows XP,NT 和 98 不同：打包的文件是可以在相应操作系统下直接运行的 EXE 文件，但不能在 16 位的操作系统下运行。

图 6-180　"打包文件"对话框

图 6-181　"打包文件"下拉列表框

下面有 4 个复选框，含义如下：

- 运行时重组无效的连接：如果在对程序或者库进行编辑时打断了程序和库之间的某些链接，而图标类型和链接名称都没有改变，那么选择该复选框打包后程序运行时会自动连接打断的链接。
- 打包时包含全部内部库：选择该复选框时，表示所有与应用程序有链接关系的库文件将被打入打包文件中，库不再需要单独打包。
- 打包时包含外部之媒体：选择该复选框时，将链接到程序中的素材文件（不包括视频文件和 Internet 上的文件）也作为程序的内容进行打包，发行时不需要附带素材文件。
- 打包时使用默认文件名：选择该复选框时，打包后的文件名将与当前应用程序的文件名相同。

（2）单击"保存文件并打包"按钮完成打包。打包完成后，如果没有保存在原来的 Authorware 软件目录下，那么程序运行会出错，不能正确执行，这就需要将程序运行时的外部文件一起打包，所以在发行的时候必须也要将这些文件一起发行。一般情况下，这些文件包括以下几个方面：

- 所有链接的外部文件：在发行作品时，要包括所有链接的外部文件，如图形文件、声音文件、数字电影文件、视频文件等。
- 应用程序中引用过的库文件。
- Xtras 文件夹：如果作品中使用了 Internal 类型以外的任何一种过渡特效，则必须附带这个文件夹。
- 如果打包程序是"无需 Runtime"，则需要附带 Run7w32.exe。
- 应用程序中使用的外部函数 UCD、DLL 文件。
- 应用程序调用的 ActiveX 控件。
- 播放特殊类型的媒体文件的驱动程序。

这些文件都可以在 Authorware 的安装目录下找到，选择所需要的文件，拷贝到发行文件夹下即可实现作品的发行。

综合案例：个人简介

本综合案例的设计主题是个人简介，整个界面设计成浓郁的中国古典风格。主背景色选择浅黄、黑、红等颜色，主饰物为梅花。其中按钮是用 Photoshop、CorelDRAW 修改编辑的矢量图或位图，而为避免导入 Authorware 时失真大多采用矢量图。片头由 Flash 制作，依旧是中国古典风格。按钮外形分别为京剧人物、琵琶、锦囊、信封、弓箭等中国古典风格的物品。单击按钮分别进入个人简介的子页，依次是"个人介绍""视频欣赏""作品欣赏""联系方式"和"小游戏"五大版块。个人介绍部分包括个人的基本信息；视频欣赏部分包括经典的 3D 水墨画动画短片（非原创）；作品欣赏部分主要包括的是应用多媒体技术设计的作品，首先是用 Photoshop 制作的平面广告"吸烟有害健康"和"人物上色"，然后是用 3ds Max 制作的"3D 室内设计图"，最后是照片处理 POP 风格；联系方式包含电话、QQ；小游戏为拼图。

片头为 Flash 制作，效果如图 6-182 所示。

图 6-182　片头效果图

片头主色调为浅黄色和黑色，背景为竹子、云、印刷图、文字等。首先在 Photoshop 中编辑处理好所需要的素材，再打开 Flash 导入背景图片，再导入印刷的竹子、黑色的竹子和窗口，分别使用遮罩特效进入场景。接着制作转盘，导入"龙"图片，画圆作为"龙"图片运动的路径，按 F6 键设置关键帧，沿圆运动。然后制作数字进度，按照"龙"图片的关键帧插入帧，即可实现"龙"图片运动到下一个关键帧，数字进度也对应发生改变。接着制作"云"，将"云"作为元件，在元件中制作动画。最后导入场景，发布 Flash 动画，存储为 swf 格式。设计思路示意图如图 6-183 所示。

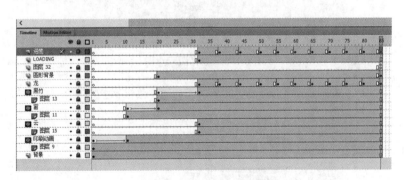

图 6-183　设计思路示意图

在缓缓的音乐声中，片头 Flash 动画播放完毕后自动进入引导界面，该界面中的姓名"潘维"按钮被做成了 GIF 动画，"潘维"文字字体为"文鼎中隶简"。关于字体，用户可以从网站上下载个人喜欢的字体拷贝在 C: 盘 windows 文件夹下的 Font 文件夹中，安装后在设计编辑软件的字体中就会有该字体了。引导界面效果图如图 6-184 所示。

单击左下角的"潘维"按钮进入个人简介主界面，如图 6-185 所示。

片头及主界面部分流程图如图 6-186 所示。

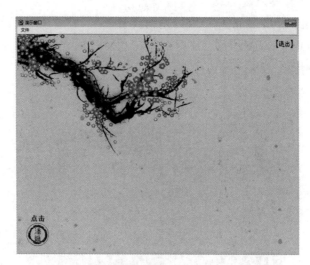

图 6-184　引导界面效果图

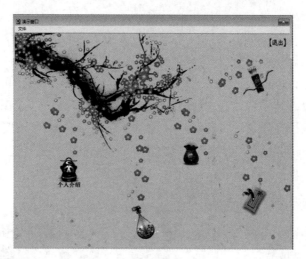

图 6-185　主界面示意图

图 6-186　片头及主界面流程图

（1）导入声音"高山流水 .mp3"作为背景音乐，打开"属性：声音图标"面板设置其属性，如图 6-187 所示。

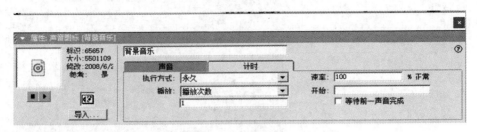

图 6-187　声音图标属性设置

（2）导入 Flash 片头文件，右击图标并选择"计算"命令，通过 Moveable:=0 将其固定，然后添加等待图标，设置等待时限为 14 秒。设置窗口大小属性为"根据变量"，调整窗口的大小与 Flash 窗口大小一致。具体设置如图 6-188 所示。

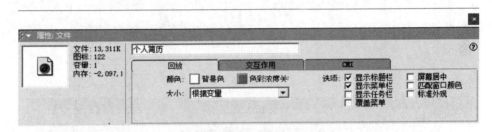

图 6-188　片头文件属性设置

（3）拖动显示图标，导入背景图片，再添加显示背景透明的梅花图（在 Photoshop 中编辑为背景透明的图片，存储格式为"PNG 格式"即可实现透明效果），并设置该图片的显示模式为"阿尔法模式"。

（4）通过热区交互进入"主界面"画面，热区交互图如图 6-189 所示。通过"退出"位置的热区交互和计算图标一起实现退出的功能，计算图标内容为函数 quit()，表示前一个交互分支继续。

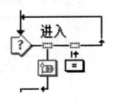

图 6-189　热区交互图

（5）拖动交互图标到主界面的下方，再拖动多个群组图标置于交互图标的右侧，全部为热区交互，实现"单击"和"放在区域内"两种响应模式，流程图和热区如图 6-190 所示。

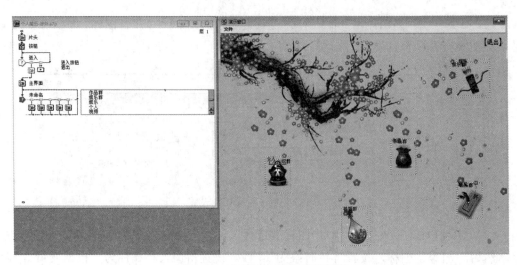

图 6-190　主界面热区交互示意图

（6）实现一个热区两种响应。一种为"单击"响应，如单击就进入个人介绍部分，其热区属性设置如图 6-191 所示；另一种为"指针处于指定区域内"响应，其设置如图 6-192 所示。

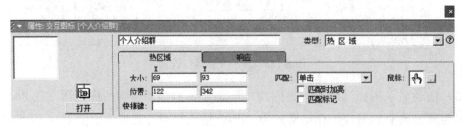

图 6-191　热区域"单击"属性设置

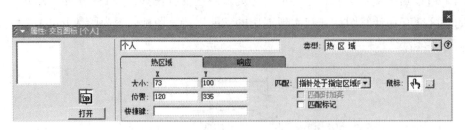

图 6-192　热区域"指针处于指定区域内"属性设置

此设置可实现鼠标指针放置到图片所在区域即显示提示文字，效果如图 6-193 所示，而单击就进入响应版块。

（7）第一个版块"个人介绍"流程图与效果图如图 6-194 所示，"个人简历 1.jpg"为 Photoshop 制作的图片。

"联系"版块与"个人介绍"版块类似，其流程图与效果图如图 6-195 所示。

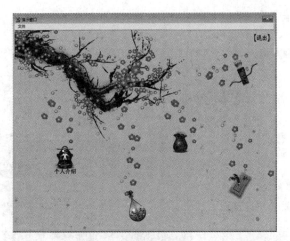

图 6-193　鼠标指针放在某区域显示提示文字效果图

图 6-194　"个人介绍"版块流程图与效果图

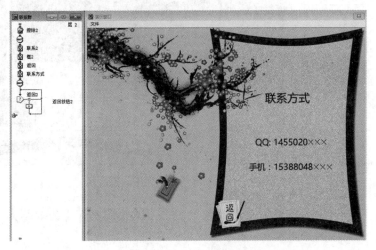

图 6-195　"联系"版块流程图与效果图

"视频"版块流程图与效果图如图 6-196 所示。

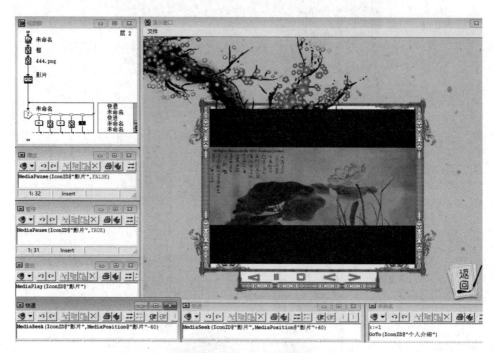

图 6-196　"视频"版块流程图与效果图

同样实现鼠标指针放置到视频播放控制按钮上将弹出提示信息的功能，此处不再赘述。

"作品展示"版块流程图与效果图如图 6-197 所示。

图 6-197　"作品展示"效果图与流程图

通过 t1、t2、t3 和 t4 的热区响应实现单击下方的小图则在上方显示大图和文字，t5 为返回功能，其流程图如图 6-198 所示。

"娱乐群"版块流程图与效果图如图 6-199 所示。

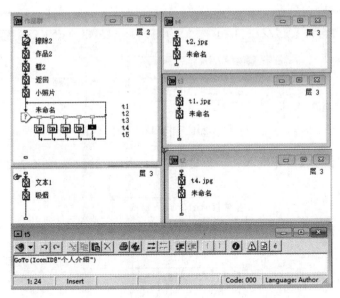

图 6-198　流程图

图 6-199　"娱乐群"版块流程图与效果图

其实现的功能与课堂案例 4 "游戏天地" 中的拼图游戏类似,此处不再赘述。只是这里对正确响应和错误响应设置了计分,计分属性设置如图 6-200 和图 6-201 所示。

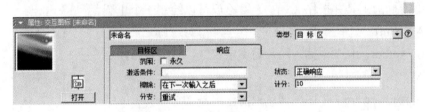

图 6-200　正确响应计分

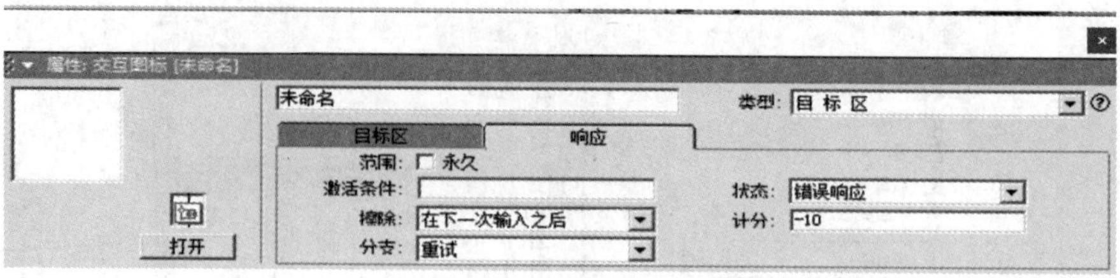

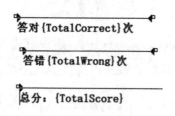

图 6-201　错误响应计分

最后通过在显示图标中输入文字和变量来显示得分情况，如图 6-202 所示。

答对 {TotalCorrect} 次

答错 {TotalWrong} 次

总分：{TotalScore}

图 6-202　计分示意图

这样一个具有中国古典风格的个人简介作品就设计完成了。通过此综合案例的学习，希望读者能理解各个多媒体编辑软件和制作软件之间的关系，能充分利用学习过的多媒体编辑软件制作出更多适合自己的作品和满足个人作品要求的素材，然后通过多媒体制作软件设计出具有个性和特色的优秀多媒体作品。

习题与思考

一、选择题

1. Authorware 7 是一种受欢迎的（　　）开发工具。
   A. 图形　　　　　B. 文字　　　　　C. 动画　　　　　D. 多媒体
2. Authorware 7 多样化的交互手段主要体现在（　　）图标的使用上。
   A. 判断　　　　　B. 导航　　　　　C. 交互　　　　　D. 框架
3. Authorware 7 修改文件属性的快捷键是（　　）。
   A. Ctrl+Shift+D　B. Ctrl+G　　　　C. Ctrl+Shift+R　D. Ctrl+Alt+O
4. 单击椭圆工具并按住（　　）键不放可以绘制一个正圆。
   A. Shift　　　　　B. Ctrl　　　　　C. Tab　　　　　D. Alt
5. 在 Authorware 7 中插入图片与文字有（　　）种方法。
   A. 2　　　　　　B. 3　　　　　　C. 4　　　　　　D. 5
6. 在 Authorware 7 中图标调色板的作用是（　　）。
   A. 设置图标的颜色　　　　　　　B. 设置图层的颜色

C．设置文字的颜色　　　　　　　D．设置图形的颜色

7．工具栏中，按钮 🔲 的名称为（　　）。

A．控制面板　　　B．导入　　　　　C．运行　　　　D．查找

8．Authorware 7 中显示图标的作用是（　　）。

A．显示窗口中的正文（文字、图形、图像）

B．显示图片对象

C．显示代码

D．显示声音和视频

9．擦除图标（　　）。

A．不能擦除界面上一些不需要的文字

B．不能擦除界面上多余的图片

C．不能实现短暂的动态擦除效果

D．可以使图片的显示不出现重叠、凌乱等状态

10．下面（　　）格式的声音文件不能用声音图标导入。

A．MP3　　　　B．AIFF　　　　　C．PCM　　　　D．MIDI

11．插入 Flash 动画要单击菜单中的（　　）命令。

A．修改　　　　B．文件　　　　　C．插入　　　　D．编辑

12．下列关于移动图标说法错误的是（　　）。

A．移动图标只能移动文字

B．移动图标是文字、图像等需要移动时使用到的图标

C．移动图标能使文字或图片等由一个开始点移动到另一个结束点

D．移动图标可以在指定的路径上移动

13．下面关于创建 Authorware 7 动画说法不正确的是（　　）。

A．一个移动图标可以对两个显示图标添加动画

B．一个移动图标不可以对两个显示图标添加动画

C．每个移动图标上都可以有一个显示图标

D．一个显示图标后可以带有多个移动图标

14．在交互流程线上设置交互分支的数量是不受限制的，但在设计窗口中最多只能显示（　　）个交互分支。

A．3　　　　　B．4　　　　　　C．5　　　　　D．6

15．🔲 是（　　）响应类型标记。

A．下拉菜单　　B．目标区　　　　C．按钮　　　　D．重试限制

16．在下拉菜单的"属性：交互"对话框的"菜单项"文本框中输入（　　）可以在下拉菜单上加一条分隔线。

A．/　　　　　B．\　　　　　　C．-　　　　　D．|

17．（　　）响应类型主要用于将一个特定的对象拖动到指定的区域，以激活交互并

执行相应分支上的结果图标。

    A．热区域   B．热对象   C．事件   D．目标区

18．在交互图标的文本输入响应中用（   ）符号表示匹配文本可以为任何文本内容。

    A．#   B．?   C．*   D．@

19．当运行框架图标后，默认情况下上面有（   ）个按钮。

    A．5   B．6   C．7   D．8

20．在 Authorware 7 程序中有（   ）种打包方法。

    A．1   B．2   C．3   D．4

二、填空题

1．Authorware 7 的用户设计界面主要包括 _____、_____、_____、_____、_____、_____ 和 _____ 7 部分。

2．用 _____ 命令可以将处于后面被遮挡的图片移到前面来。

3．图像的显示模式有 _____、_____、_____、_____、_____ 和阿尔法 6 种。

4．等待图标可以有 _____、_____、_____、显示倒计时和显示按钮 5 种运行控制方式。

5．若需要在播放声音的同时继续执行程序，应从计时执行方式中选择 _____ 选项。

6．利用 _____ 和 _____ 两个选项可以定义电影图标仅播放一个电影的片断。

7．显示图标属性中的 _____ 选项非常重要，只有设置了这个选项，显示图标才能实时地反映出变量值的变化情况。

8．移动图标提供了 _____、_____、_____、_____ 和 _____ 5 种动画类型。

9．框架图标实际上是 _____ 与 _____ 的组合，其中 _____ 用以实现按钮交互的功能，而 _____ 用于实现分支之间的管理。

10．_____ 和 _____ 主要用来调试程序，可以用它们来指定程序调试开始、结束的位置，以便于单独调试某一程序段。

三、思考题

1．Authorware 7 提供了哪些设计图标？可以支持什么媒体导入？

2．如何将多个图像导入到流程图中？

3．如何实现媒体同步？

4．在建立动画路径时，如何建立锯齿、弧形、圆形路径？

5．在交互响应中有哪几种响应类型？分别说明它们各自的作用及用法。

6．循环和随机分支各有什么用途？

7．如何更改框架图标中默认的面板样式？如何利用框架和导航实现跳转？

8．如果一个打包成可执行文件的作品保存的位置不在原来的 Authorware 7 软件的目录下时，程序会出错，不能正确执行，原因是什么？该如何解决？

四、操作题

1．思考并设计一个小球跟随鼠标指针移动的程序。

2．思考并编写一个程序，可以实现求连续整数的和。

3．思考并利用知识对象制作一套单项选择试题并实现评分功能。

参考文献

[1] 赵子江. 多媒体技术应用教程 [M]. 北京：机械工业出版社，2012.

[2] 胡晓峰，吴玲达，老松杨，等. 多媒体技术教程 [M]. 4 版. 北京：人民邮电出版社，2015.

[3] 潘晟旻. 多媒体技术与应用——习题与上机实践 [M]. 北京：人民邮电出版社，2015.

[4] 韦文山，农正，秦景良. 多媒体技术与应用案例教程 [M]. 北京：机械工业出版社，2010.

[5] 杜文洁，刘洋. 数字多媒体技术案例设计 [M]. 北京：中国水利水电出版社，2011.

[6] 王轶冰. 多媒体技术应用实验与实践教程 [M]. 北京：清华大学出版社，2015.

[7] 郭小燕，张明. 多媒体技术与应用 [M]. 北京：中国水利水电出版社，2012.

[8] 胡崧. Flash CS4 中文版标准教程 [M]. 北京：中国青年出版社，2010.

[9] 于萍. 多媒体技术与应用 [M]. 北京：清华大学出版社，2019.

[10] 唯美世界. Premiere Pro CC 从入门到精通 PR 教程 [M]. 北京：中国水利水电出版社，2019.

[11] 华天印象. Premiere Pro CS6 实用教程 [M]. 北京：人民邮电出版社，2017.

[12] 林丽红，马洁，李学国. 中文版 Authorware 7.0 多媒体课件制作案例教程 [M]. 北京：航空工业出版社，2016.

[13] 高尚兵. Authorware 多媒体课件制作实用教程 [M]. 北京：清华大学出版社，2014.

[14] 缪亮. Authorware 多媒体课件制作实用教程 [M]. 4 版. 北京：清华大学出版社，2017.